商務
科普館

提供科學知識
照亮科學之路

倪簡白◎主編

物理新論

臺灣商務印書館

物理新論 ／ 倪簡白主編. --初版. --臺北市：臺
灣商務, 2011. 08
　　面 ； 公分. --（商務科普館）

　ISBN 978-957-05-2636-3(平裝)

　1. 物理學　2. 文集

330.7　　　　　　　　　　　　100012518

商務科普館

物理新論

作者◆倪簡白主編

發行人◆施嘉明

總編輯◆方鵬程

主編◆葉幗英

責任編輯◆徐平

美術設計◆吳郁婷

出版發行：臺灣商務印書館股份有限公司
臺北市重慶南路一段三十七號
電話：(02)2371-3712
讀者服務專線：0800056196
郵撥：0000165-1
網路書店：www.cptw.com.tw
E-mail：ecptw@cptw.com.tw
網址：www.cptw.com.tw
局版北市業字第 993 號
初版一刷：2011 年 8 月
定價：新台幣 350 元

ISBN 978-957-05-2636-3

科學月刊叢書總序

◎—林基興

《科學月刊》社理事長

公益刊物《科學月刊》創辦於 1970 年 1 月，由海內外熱心促進我國科學發展的人士發起與支持，至今已經四十一年，總共即將出版五百期，總文章篇數則「不可勝數」；這些全是大家「智慧的結晶」。

　　《科學月刊》的讀者程度雖然設定在高一到大一，但大致上，愛好科技者均可從中領略不少知識；我們一直努力「白話說科學」，圖文並茂，希望達到普及科學的目標；相信讀者可從字裡行間領略到我們的努力。

　　早年，國內科技刊物稀少，《科學月刊》提供許多人「（科學）心靈的營養與慰藉」，鼓勵了不少人認識科學、以科學為志業。筆者這幾年邀稿時，三不五時遇到回音「我以前是貴刊讀者，受益良多，現在是我回饋的時候，當然樂意撰稿給貴刊」。唉呀，此際，筆者心中實在「暢快、叫好」！

　　《科學月刊》的文章通常經過細心審核與求證，圖表也力求搭配文章，另外又製作「小框框」解釋名詞。以前有雜誌標榜其文「歷久彌新」，我們不敢這麼說，但應該可說「提供正確科學知識、增進智性刺激思維」。其實，科學也只是人類文明之一，並非啥「特異功能」；科學求真、科學可否證（falsifiable）；科學家樂意認錯而努力改進——這是科學快速進步的主因。當然，科學要有自知之明，知所節制，畢竟科學不是萬能，而科學家不

可自以為高人一等，更不可誤用（abuse）知識。至於一些人將科學家描繪為「科學怪人」（Frankenstein）或將科學物品說成科學怪物，則顯示社會需要更多的知識溝通，不「醜化或美化」科學。科學是「中性」的知識，怎麼應用科學則足以導致善惡的結果。

科學是「垂直累積」的知識，亦即基礎很重要，一層一層地加增知識，逐漸地，很可能無法用「直覺、常識」理解。（二十世紀初，心理分析家弗洛伊德跟愛因斯坦抱怨，他的相對論在全世界只有十二人懂，但其心理分析則人人可插嘴。）因此，學習科學需要日積月累的功夫，例如，需要先懂普通化學，才能懂有機化學，接著才懂生物化學等；這可能是漫長而「如倒吃甘蔗」的歷程，大家願意耐心地踏上科學之旅？

科學知識可能不像「八卦」那樣引人注目，但讀者當可體驗到「知識就是力量」，基礎的科學知識讓人瞭解周遭環境運作的原因，接著是怎麼應用器物，甚至改善環境。知識可讓人脫貧、脫困。學得正確科學知識，可避免迷信之害，也可看穿江湖術士的花招，更可增進民生福祉。

這也是我們推出本叢書（「商務科普館」）的主因：許多科學家貢獻其智慧的結晶，寫成「白話」科學，方便大家理解與欣賞，編輯則盡力讓文章賞心悅目。因此，這麼好的知識若沒多推廣多可惜！感謝臺灣商務印書館跟我們合作，推出這套叢書，讓社會大眾品賞這些智慧的寶庫。

《科學月刊》有時被人批評缺乏彩色，不夠「吸睛」（可憐的家長，為了孩子，使盡各種招數引誘孩子「向學」）。彩色印刷除了美觀，確實在一些說明上方便與清楚多多。我們實在抱歉，因為財力不足，無法增加彩色；還好不少讀者體諒我們，「將就」些。我們已經努力做到「正確」與「易懂」，在成本與環保方面算是「已盡心力」，就當我們「樸素與踏實」吧。

從五百期中選出傑作，編輯成冊，我們的編輯委員們費了不少心力，包

括微調與更新內容。他們均為「義工」，多年來默默奉獻於出點子、寫文章、審文章；感謝他們的熱心！

　　每一期刊物出版時，感覺「無中生有」，就像「生小孩」。現在本叢書要出版了，回顧所來徑，歷經多方「陣痛」與「催生」，終於生了這個「智慧的結晶」。

「商務科普館」
刊印科學月刊精選集序

臺灣商務印書館總編輯

「科學月刊」是臺灣歷史最悠久的科普雜誌,四十年來對海內外的青少年提供了許多科學新知,導引許多青少年走向科學之路,為社會造就了許多有用的人才。「科學月刊」的貢獻,值得鼓掌。

在「科學月刊」慶祝成立四十周年之際,我們重新閱讀四十年來,「科學月刊」所發表的許多文章,仍然是值得青少年繼續閱讀的科學知識。雖然說,科學的發展日新月異,如果沒有過去學者們累積下來的知識與經驗,科學的發展不會那麼快速。何況經過「科學月刊」的主編們重新檢驗與排序,「科學月刊」編出的各類科學精選集,正好提供讀者們一個完整的知識體系。

臺灣商務印書館是臺灣歷史最悠久的出版社,自一九四七年成立以來,已經一甲子,對知識文化的傳承與提倡,一向是我們不能忘記的責任。近年來雖然也出版有教育意義的小說等大眾讀物,但是我們也沒有忘記大眾傳播的社會責任。

因此,當「科學月刊」決定挑選適當的文章編印精選集時,臺灣商務決定合作發行,參與這項有意義的活動,讓讀者們可以有系統的看到各類科學

發展的軌跡與成就，讓青少年有興趣走上科學之路。這就是臺灣商務刊印
「商務科普館」的由來。

　　「商務科普館」代表臺灣商務印書館對校園讀者的重視，和對知識傳播
與文化傳承的承諾。期望這套由「科學月刊」編選的叢書，能夠帶給您一個
有意義的未來。

2011 年 7 月

主編序

◎─倪簡白

經過披星戴月的路程，2010 年是《科學月刊》創刊的四十年。在慶祝四十歲生日之時，編輯委員決訂出版一系列科學選粹。將過去四十年中《科學月刊》所刊載的各學科文章編成專書，每書約十萬字。接受了此一重任，我們只有戰戰兢兢的來設法完成。在四十年間，科月共出版四百八十期。物理這一學科所發表的文章難以計數。因為篇幅的關係，所以選擇少數代表性的文章，而且以近二十年為主。

物理學是一門既廣大又深奧的學科，至今有四百年的發展。從我個人的學習、工作和教學的經歷，深知物理學的博大精深。許多中學生、大學生，甚至研究生在涉入後就很快放棄了。所以科普文章的功用就是希望能帶領入門者，走進，學習，並欣賞這領域。這二十年間有幾位大師給科月撰寫了不少文章，另外有些作者介紹了物理觀念與最新發展，所以這都是我選擇的範圍。

經由編輯這本書讓我發現，近十年來在科月的物理文章相對於1970～1980 年，日漸減少了。當時有許多學生或研究學者(一部是創刊的委員)，熱心的為科月撰寫基本科學的介紹。在 2000 年後，這類文章的減少，我歸咎幾個事實：一是平面媒體的擴大，二是紙本以外科普的發達。1970

年代，台灣的科普讀物是以科月為主。四十年來，由於科技的發展，人才的匯集，經濟的發展，出現許多種媒體，如電視及網路。《科學月刊》雖是最老的，但是也必須與其它種的刊物競爭。尤其國外電視和網路上有更多的資源，所製作的高水準刊物與節目，我們很難與其競爭。例如電視上的 Discovery 頻道，可能是其中的最佳者。近十年來網路科技發達後，許多個人也可以製作科普網頁，其中不乏優秀者。我們偶然可以看到許多中學或大學老師、學生所製作的網頁，非常值得參考。但是在電子出版的時代，輕便的書本仍然是大家喜愛的讀物。所以出版一本這樣的書，應該還是很有意義的。我們要感謝臺灣商務印書館的熱心使這一科月叢書能實現。

CONTENTS
目錄

新的領域

美與物理學

◎─楊振寧

美籍華人物理學家，與李政道提出的「宇稱不守恆理論」，共同獲得了 1957 年
諾貝爾物理學獎。楊振寧是最早兩位獲諾貝爾獎的中華民國籍人士和華人諾貝爾
獎得主之一。

十九世紀物理學的三項最高成就是：熱力學、電磁學與統計力學。其中統計力學奠基於馬克士威爾（J. Maxwell, 1831～1879）、波茲曼（L. Boltzmann, 1844～1905）與吉布斯（W. Gibbs, 1839～1903）的工作。波茲曼曾經說過：[1]

> 「一位音樂家在聽到幾個音節後，即能辨認出莫札特、貝多芬或舒伯特的音樂。同樣，一位數學家或物理學家也能在讀了數頁文字後，辨認出柯西、高斯、雅可比、荷姆霍茲或克希何夫的工作。」

---

1. 見 Ludwig Boltzmann, ed. E.Broda（Oxbow Press, 1983），p.23.

對於他的這一段話也許有人會發生疑問：科學是研究事實的，事實就是事實，哪裡會有什麼風格？關於這一點我曾經有過如下的討論：[2]

> 「讓我們拿物理學來講吧！物理學的原理有它的結構，這個結構有它的美和妙的地方。而各個物理學工作者，對於這個結構的不同的美和妙的地方，有不同的感受。因為大家有不同的感受，所以每位工作者就會發展他自己獨特的研究方向和研究下法，也就是說他會形成他自己的風格。今天我的演講就是要嘗試闡述上面這一段話。我們先從兩位著名物理學家的風格講起。」

狄拉克

狄拉克（P. Dirac, 1902～1984，圖一）是二十世紀一位大物理學家。關於他的故事很多。譬如：有一次狄拉克在普林斯頓大學演講，演講完畢，一位聽眾就起來說：

圖一：狄拉克。

---

2. 楊振寧《讀書教學四十年》（香港：三聯書店，1985），116 頁。

「我有一個問題請回答：我不懂怎麼可以從公式（2）推導出來公式
（5）。」狄拉克不答。主持者說：「狄拉克教授，請回答他的問
題。」狄拉克說：「他並沒有問問題，只說了一句話。」

這個故事所以流傳極廣，是因為它確實描述了狄拉克的一個特
點：話不多，而其內含有簡單、直接、原始的邏輯性。一旦抓住了
他獨特的、別人想不到的邏輯，他的文章讀起來便很通順，就像
「秋水文章不染塵」，沒有任何渣滓，直達深處，直達宇宙的奧
秘。

狄拉克最了不得的工作是 1928 年發表的兩篇短文，寫下了狄拉
克方程：[3]

$$(pc\alpha+mc^2\beta)\ \Psi=E\Psi\quad(D)$$

這個簡單的方程式是驚天動地的成就，是劃時代的里程碑：它
對原子結構及分子結構都給予了新的層面和新的極準確的了解。沒
有這個方程，就沒有今天的原子分子物理學與化學。沒有狄拉克引
進的觀念，就不會有今天醫院裡通用的核磁共振成像（MRI）技

---

3. 此方程式中 p 是動量，c 是光速（300000 公里／秒），m 是電子的質量，E 是能
   量，Ψ 是波函數，這些都是當時大家已熟悉的觀念。α 和 β 是狄拉克引進的新觀
   念，十分簡單卻影響極大，在物理學和數學中都起了超級作用。

術，不過此項技術實在只是狄拉克方程的一項極小的應用。

狄拉克方程「無中生有、石破天驚」地指出為什麼電子有「自旋」（spin），而且為什麼「自旋角動量」是 1／2 而不是整數。初次了解此中奧妙的人都無法不驚歎其為「神來之筆」，是別人無法想到的妙算。當時最負盛名的海森堡（W. Heisenberg, 1901～1976）看了狄拉克的文章，無法了解狄拉克怎麼會想出此神來之筆，於 1928 年 5 月 3 日給鮑利（W. Pauli, 1900～1958）寫了一封信描述了他的煩惱：[4]

　　「為了不持續地被狄拉克所煩擾，我換了一個題目做，得到了一些成果。」

狄拉克方程之妙處雖然當時立刻被同行所認識，可是它有一項

---

4. 譯自 A. Pais, Inward Bound（Oxford University Press, 1986），p.348。海森堡是當時最被狄拉克方程所煩擾的物理學家，因為他是這方面的大專家：1913 年波爾最早提出了量子數的觀念，這些數都是整數。1921 年，還不到二十歲的學生海森堡大膽提出量子數是 1／2 的可能，1925 年兩位年輕的荷蘭物理學家把 1／2 的量子數解釋成自旋角動量。這一些發展都是唯象理論，它們得到了許多與實驗極端符合的結果，十分成功，可是它們都還只是東拼西湊出來的理論。狄拉克方程則不然，它極美妙地解釋了為什麼自旋角動量必須是 1／2。由此我們很容易體會到當天才的海森堡看了狄拉克方程，在羨佩之餘必定會產生高度的煩惱。

前所未有的特性，叫做「負能」現象，這是大家所絕對不能接受的。狄拉克的文章發表以後三年間關於負能現象有了許多複雜的討論，最後於 1931 年狄拉克又大膽提出「反粒子」理論（Theory of Antiparticles）來解釋負能現象。這個理論當時更不為同行所接受，因而流傳了許多半羨慕半嘲弄的故事。直到 1932 年秋安德森（C. D. Anderson, 1905～1991）發現了電子的反粒子以後，大家才漸漸認識到反粒子理論又是物理學的另一個里程碑。

二十世紀的物理學家中，風格最獨特的就數狄拉克了。我曾想把他的文章的風格寫下來給我的文、史、藝術方面的朋友們看，始終不知如何下筆。去年偶然在香港《大公報》大公園一欄上看到一篇文章，其中引用了高適（700～765）在〈答侯少府〉中的詩句：「性靈出萬象，風骨超常倫。」我非常高興，覺得用這兩句請來描述狄拉克方程和反粒子理論是再好沒有了：一方面狄拉克方程確實包羅萬象，而用「出」字描述狄拉克的靈感尤為傳神。另一方面，他於 1928 年以後四年間不顧波爾（N. Bohr, 1885～1962）、海森堡、鮑利等當時的大物理學家的冷嘲熱諷，始終堅持他的理論，而最後得到全勝，正合「風骨超常倫」。

可是什麼是「性靈」呢？這兩個字聯起來字典上的解釋不中肯。若直覺地把「性情」、「本性」、「心靈」、「靈魂」、「靈

犀」、「聖靈」（Ghost）等加起來似乎是指直接的、原始的、未加琢磨的思路，而這恰巧是狄拉克方程之精神。剛好此時我和香港中文大學童元方博士談到《二十一世紀》1996 年 6 月號錢鎖橋的一篇文章，才知道袁宏道（1568～1610）和後來的周作人（1885～1967）、林語堂（1895～1976）等的性靈論。袁宏道說他的弟弟袁中道（1570～1623）的詩是「獨抒性靈，不拘格套」，這也正是狄拉克作風的特徵。「非從自己的胸臆流出，不肯下筆」，又正好描述了狄拉克的獨創性！

圖二：（上）海森堡。（右）狄拉克與海森堡
1930 年前後在美國劍橋。

海森堡

　　比狄拉克年長一歲的海森堡是二十世紀另一位大物理學家，有人認為他比狄拉克還要略高一籌。[5]他於 1925 年夏天寫了一篇文章，引導出了量子力學的發展。三十八年以後，科學史家庫恩（T. Kuhn, 1922～1996）訪問他，談到構思那個工作時的情景。海森堡說[6]：

　　「爬山的時候，你想爬某個山峰，但往往到處是霧……你有地圖，或別的索引之類的東西，知道你的目的地，但是仍墜入霧中。然後……忽然你模糊地，只在數秒鐘的功夫，自霧中看到一些形象，你說：『哦，這就是我要找的大石。』整個情形自此而發生了突變，因為雖然你仍不知道你能不能爬到那塊大石，但是那一瞬間你說：『我現在知道我在什麼地方了。我必須爬近那塊大石，然後就知道該如何前進了。』」

　　這段談話生動地描述了海森堡 1925 年夏摸索前進的情形。要了解當時的氣氛，必須知道自從 1913 年波爾提出了他的原子模型以

---

5. 諾貝爾獎委員會似持此觀點：海森堡獨獲 1932 年諾貝爾獎，而狄拉克和薛丁格合獲 1933 年諾貝爾獎。
6. 譯自 A. Pais, Niels Bohr's Times（Oxford University Press, 1991），p. 276。

後，物理學即進入了一個非常時代：牛頓（I. Newton, 1642～1727）力學的基礎發生了動搖，可是用了牛頓力學的一些觀念再加上一些新的往往不能自圓其說的假設，卻又可以準確地描述許多原子結構方面奇特的實驗結果。奧本海默（J. R. Oppenheimer, 1904～1967）這樣描述這個不尋常的時代：[7]

> 「那是一個在實驗室裡耐心工作的時代，有許多關鍵性的實驗和大膽的決策，有許多錯誤的嘗試和不成熟的假設。那是一個真摯通訊與匆忙會議的時代，有許多激烈的辯論和無情的批評，裡面充滿了巧妙的數學性的擋架方法。

> 對於那些參加者，那是一個創新的時代，自宇宙結構的新認識中他們得到了激奮，也嚐到了恐懼。這段歷史恐怕永遠不會被完全記錄下來。要寫這段歷史須要有像寫奧迪帕斯（Oedipus）或寫克倫威爾（Cromwell）那樣的筆力，可是由於涉及的知識距離日常生活是如此遙遠，實在很難想像有任何詩人或史家能勝任。」

---

7. 譯自 J. R. Oppenheimer, Science and the Common Understanding（The Reith Lectures 1953, Simon and Schuster, 1954）。引文最後一句是説荷馬（Homer,古希臘詩人）和喀萊爾（T. Carlyle, 1795～1881）都恐怕難以勝任。

1925 年夏天，二十三歲的海森堡在霧中摸索，終於摸到了方向，寫了上面所提到的那篇文章。有人說這是三百年來物理學史上繼牛頓的《數學原理》以後影響最深遠的一篇文章。

　　可是這篇文章只開創了一個摸索前進的方向，此後兩年間還要通過波恩（M. Born, 1882～1970）、狄拉克、薛丁格（E.S chrödinger, 1887～1961），波爾等人和海森堡自己的努力，量子力學的整體架構才逐漸完成。[8]量子力學使物理學跨入嶄新的時代，更直接影響了二十世紀的工業發展，舉凡核能發電、核武器、激光、半導體元件等都是量子力學的產物。

　　1927 年夏，二十五歲尚未結婚的海森堡當了萊比錫（Leipzig）大學理論物理系主任。後來成名的布洛赫（F. Bloch, 1905～1983，核磁共振機制創建者）和特勒（E. Teller, 1908～2003，「氫彈之父」，我在芝加哥大學時的博士學位導師）都是他的學生。他喜歡打乒乓球，而且極好勝。第一年他在系中稱霸，1928 年秋，自美國來了一

---

8. 緊跟著海森堡的文章。數月內即又有波恩與約爾丹（P. Jordan, 1902～1980）的文章和波恩、海森堡與約爾丹的文章。這三篇文章世稱〈一人文章〉、〈二人文章〉及〈三人文章〉，合起來奠定了量子力學的數學結構。狄拉克和薛丁格則分別從另外的途徑也建立了同樣的結構。但是這個數學結構的物理意義卻一時沒有明朗化。1927 年海森堡的「測不準原理」和波爾的「互補原理」才給量子力學的物理意義建立了「哥本哈根解釋」。

位博士後，自此海森堡只能屈居亞軍。這位博士就是大家都很熟悉的周培源。

海森堡所有的文章都有一共同特點：朦朧、不清楚、有渣滓，與狄拉克的文章的風格形成一個鮮明的對比。讀了海森堡的文章，你會驚歎他的獨創力（originality），然而會覺得問題還沒有做完，沒有做乾淨，還要發展下去；而讀了狄拉克的文章，你也會驚歎他的獨創力，同時卻覺得他似乎已把一切都發展到了盡頭，沒有什麼再可以做下去了。

前面提到狄拉克的文章給人「秋水文章不染塵」的感受，海森堡的文章則完全不同，二者對比清濁分明。我想不到有什麼詩句或成語可以描述海森堡的文章，既能道出他天才的獨創性，又能描述他思路中不清楚、有渣滓、有時似乎茫然亂摸索的特點。

物理學與數學

海森堡和狄拉克的風格為什麼如此不同？主要原因是他們所專注的物理學內涵不同。為了解釋此點，請看圖三所表示的物理學的三個部門和其中的關係：「唯象理論」（phenomenological theory）是介乎「實驗」和「理論架構」之間的研究。「實驗」和「唯象理論」合起來是實驗物理，「唯象理論」和「理論架構」合起來是理

論物理，而理論物理的語言是數學。

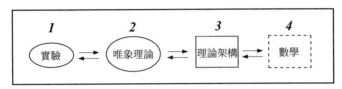

圖三：物理學的三個領域。

物理學的發展通常自「實驗」開始，即自研究現象開始。關於這一發展過程，我們可以舉很多大大小小的例子。先舉牛頓力學的歷史為例，布拉赫（T. Brahe, 1546～1601）是實驗天文物理學家，活動領域是「實驗」。他做了關於行星軌道的精密觀測。後來克卜勒（J. Kepler, 1571～1630）仔細分析布拉赫的數據，發現了有名的克卜勒三大定律。這是「唯象理論」。最後牛頓創建了牛頓力學與萬有引力理論，其基礎就是克卜勒的三大定律，這是「理論架構」。

再舉一個例子：通過十八世紀末、十九世紀初的許多電學和磁學的實驗，安培（A. Ampère, 1775～1836）和法拉第（M. Faraday, 1791～1867）等人發展出了一些「唯象理論」。最後由馬克士威爾歸納為有名的馬克士威爾方程（即電磁學方程），才步入理論架構的範疇。

另一個例子，十九世紀後半葉許多實驗工作引導出蒲朗克（M.

Planck, 1858〜1947）1900 年的唯象理論。然後經過愛因斯坦（A. Einstein, 1879〜1955）的文章和波爾的工作等，又有一些重要發展，但這些都還是唯象理論。最後通過量子力學之產生，才步入理論架構的範疇。

海森堡和狄拉克的工作集中在圖三所顯示的哪一些領域呢？狄拉克最重要的貢獻是前面所提到的狄拉克方程（D）。海森堡最重要的貢獻是海森堡方程，[9]是量子力學的基礎：

$$pq - qp = -i\hbar \quad (H)$$

這兩個方程都是理論架構中之尖端貢獻。二者都達到物理學的最高境界。可是寫出這兩個方程的途徑卻截然不同：海森堡的靈感來自他對實驗結果與唯象理論的認識，進而在摸索中達到了方程式（H）；狄拉克的靈感來自他對數學的美的直覺欣賞，進而天才地寫出他的方程（D）。他們二人喜好的，注意的方向不同，所以他們的工作的領域也不一樣，如圖四所示。（此圖也標明波爾、薛丁格和愛因斯坦的研究領域。愛因斯坦興趣廣泛，在許多領域中，自「唯

---

9. 事實上海森堡並未能寫下（H），他當時的數學知識不夠，（H）是在註八所提到的〈二人文章〉與〈三人文章〉中最早出現的。

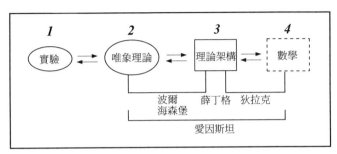

圖四：幾位二十世紀物理學家的研究領域。

象理論」至「理論架構」至「數學」，都曾做出劃時代的貢獻。）

　　海森堡從實驗與唯象理論出發：實驗與唯象理論是五光十色、錯綜複雜的，所以他要摸索，要猶豫，要嘗試了再嘗試，因此他的文章也就給讀者不清楚、有渣滓的感覺。狄拉克則從他對數學的靈感出發：數學的最高境界是結構美，是簡潔的邏輯美，因此他的文章也就給讀者「秋水文章不染塵」的感受。

　　讓我補充一點關於數學和物理的關係。我曾經把二者的關係表示為兩片在莖處重疊的葉片（圖五）。重疊的地方同時是二者之根，二者之源。如微分方程、偏微分方程、希爾伯特

圖五：二葉圖

空間、黎曼幾何和纖維叢等，今天都是二者共用的基本觀念。這是驚人的事實，因為首先達到這些觀念的物理學家與數學家曾遵循完全不同的路徑，完全不同的傳統。為什麼會殊途同歸呢？大家今天沒有很好的答案，恐怕永遠不會有，因為答案必須牽扯到宇宙觀、知識論和宗教信仰等難題。

必須注意的是在重疊的地方，共用的基本觀念雖然如此驚人地相同，但是重疊的地方並不多，只占二者各自的極少部分。譬如實驗與唯象理論都不在重疊區，而絕大部分的數學工作也在重疊區之外。另外值得注意的是即使在重疊區，雖然基本觀念物理與數學共用，但是二者的價值觀與傳統截然不同，而二者發展的生命力也各自遵循不同的莖脈流通，就如圖五所示。

常常有年輕朋友問我，他應該研究物理，還是研究數學。我的回答是這要看你對哪一個領域裡的美和妙有更高的判斷能力和更大的喜愛。愛因斯坦在晚年時（1949 年）曾經討論過為什麼他選擇了物理，他說：[10]

「在數學領域裡，我的直覺不夠，不能辨認哪些是真正重要的

---

10. 節譯自愛因斯坦的"Autobiographical Notes"，原文見 Albert Einstein, Philosopher-Scientist, ed. P.A. Schilpp, Open Court, Evanston, III 1949。

研究，哪些只是不重要的題目。而在物理領域裡，我很快學到怎樣找到基本問題來下功夫。」

年輕人面對選擇前途方向時，要對自己的喜好與判斷能力有正確的自我估價。

美與物理學

物理學自「實驗」到「唯象理論」到「理論物理」是自表面向深層的發展。表面有表面的結構，有表面的美。譬如虹和霓是極美的表面現象，人人都可以看到。實驗工作者作了測量以後發現虹是42°的弧，紅在外，紫在內；霓是 50°的弧，紅在內，紫在外。這種準確規律增加了實驗工作者對自然現象的美的認識，這是實驗。進一步的唯象理論研究使物理學家了解到這 42°與 50°可以從陽光在水珠中的折射與反射推算出來，此種了解顯示出了深一層的美。再進一步的研究更深入了解折射與反射現象本身可從一個包容萬象的馬克斯威爾方程推算出來，這就顯示出了極深層的理論架構的美。

牛頓的運動方程、馬克士威爾方程、愛因斯坦的狹義與廣義相對論方程、狄拉克方程、海森堡方程和其他五、六個方程是物理學理論架構的骨幹，它們提煉了幾個世紀的實驗工作與唯象理論的精

髓，達到了科學研究的最高境界。它們以極度濃縮的數學語言寫出了物理世界的基本結構，可以說是造物者的詩篇。

這些方程還有一方面與詩有共同點：它們的內涵往往隨著物理學的發展而產生新的、當初所完全沒有想到的意義。舉兩個例子，上面提到過的十九世紀中葉寫下來的馬克斯威爾方程是在本世紀初通過愛因斯坦的工作才顯示出高度的對稱性，而這種對稱性以後逐漸發展為二十世紀物理學的一個最重要的中心思想。另一個例子是狄拉克方程，它最初完全沒有被數學家所注意，而今天狄拉克流型（Dirac Manifold）已變成數學家熱門研究的一個新課題。

學物理的人了解了這些像詩一樣的方程的意義以後，對它們的美的感受是既直接而又十分複雜的。它們的極度濃縮性和它們的包羅萬象的特點也許可以用布雷克（W. Blake, 1757～1827）的不朽名句來描述：[11] To see a World in a Grain of Sand And a Heaven in a Wild Flower Hold Infinity in the palm of your hand And Eternity in an hour

它們的巨大影響也許可以用蒲柏（A. Pope, 1688～1744）的名句

---

11. 陳之藩教授的譯文（見他所寫的《時空之海》47 頁，臺北：遠東圖書公司，1996）如下：一粒砂裡有一個世界一朵花裡有一個天堂把無窮無盡握於手掌永恆寧非是剎那時光。

來描述：[12]

> Nature and nature's law
> lay hid in night：
> God said, let Newton be!
> And all was light.

可是這些都不夠，都不夠全面地道出學物理的人面對這些方程的美的感受。缺少的似乎是一種莊嚴感，一種神聖感，一種初窺宇宙奧秘的畏懼感。我想缺少的恐怕正是籌建哥德式（Gothic）教堂的建築師們所要歌頌的崇高美、靈魂美、宗教美、最終極的美。

（本文原為作者 1997 年 1 月 17 日在香港中華科學與社會協進會與香港中文大學主辦的演講會上的講詞，原講題為「科學工作者有沒有風格？」本文原載《二十一世紀》（香港中文大學，中國文化研究所），第 40 期（1997 年 4 月號），題為「美與物理學」。本刊獲該刊同意轉載。）

（1997 年 9 月號）

---

12. 我的翻譯如下：自然與自然規律為黑暗隱蔽：上帝說，讓牛頓來！一切遂臻光明。

愛因斯坦對二十一世紀理論物理學的影響

◎—楊振寧

一百二十五年前愛因斯坦誕生於烏爾姆（Ulm）。今天我受邀在此城市作關於愛因斯坦的演講，實感到非常榮幸。我很希望我能用德文來講，可是我知道，如果我這樣做，可能因為我的德文用字不當，會使你們聽起來很費力。承蒙你們同意，我將用英文來講。

愛因斯坦是二十世紀最偉大的物理學家，他和牛頓是迄今為止，世界歷史上最偉大的兩位物理學家。他的工作的特點是：深入、廣闊、豐富和堅持不懈。二十世紀基礎物理學三個偉大的概念上的革命，兩個歸功於他，而對另外一個，他也起了決定性的作用。

第一個革命：狹義相對論（1905）

　　相對論這個名詞，並不是愛因斯坦，而是龐加萊（Henri Poincar, 1854～1912）發明的。龐加萊在 1905 年的前一年的一次演講中講道：

> 「按照相對論原則，不論是對於一個不移動的，或者是以均速
> 運動的觀察者來說，物理現象的定律應該是相同的。因此，我們
> 不能，也沒有任何方法可以分辨我們是否在從事這樣的運動。」

　　這段說話不僅提出了「相對論」這個名詞，而且描繪出在哲學上絕對正確的、令人吃驚的洞察力。不過龐加萊並沒有了解此想法在物理學中的全部含義。在同一演講後面的段落顯示出他沒有能領悟「同時性」是相對的這個關鍵的和革命性的概念。

$$x' = \gamma\,(x - vt)\,, y' = y, z' = z$$
$$t' = \gamma\,\left(t - \frac{vx}{c^2}\right)$$
$$\gamma = \frac{1}{\sqrt{1 - v^2/c^2}}$$

　　愛因斯坦也不是第一個寫出下面這組極為重要的變換公式的

人。

這是洛倫茲（Hendrik A. Lorentz, 1853～1928）早已提出來的。這個變換曾經，至今仍是，以洛倫茲的名字命名。可是洛倫茲也沒有領悟「同時性」是相對的這個革命性的概念。他在 1915 年寫道：

> 「我沒有成功的主要原因是我墨守只有變量 t 可被看作是真正的時間，我的局部時間 t' 最多只被認為是一個輔助的數學量。」

這就是說，洛倫茲懂了相對論的數學，可是沒有懂其中的物理學，龐加萊則是懂了相對論的哲學，但也沒有懂其中的物理學。

龐加萊是當時偉大的數學家，洛倫茲則是當時偉大的理論物理學家。可是這個革命性的、反直觀的發現，即「同時性」實際上是相對的，卻有待於二十六歲的瑞士專利局職員愛因斯坦來完成。這個發現導致了物理學的革命。

這個革命還將另一個重要的概念帶進了物理學，即「對稱」的概念。「對稱」今日已成為二十世紀物理學的中心主題之一，而且肯定將引導並決定二十一世紀理論物理學的發展。在本演講的後面我們將回到這個概念。

第二個革命：廣義相對論（1916）

　　廣義相對論是愛因斯坦卓越和深奧的創造。就其原創性和膽識而言，我相信它在物理學史中是無與倫比的。廣義相對論是由下述兩方面所推動：等效原理以及在對稱（或不變性）思想方面的有遠見的發展。關於後者，愛因斯坦在其晚年著作《自述註記》（Auto-biographical Notes）中寫道：

>　　「……狹義相對論（洛倫茲變換下的定律的不變性）的基本要求太窄，即必須假定，定律的不變性對於四維連續域中座標的非線性變換而言，也是相對的。」

這發生在 1908 年。

　　可是要實現這個思想是艱難和緩慢的，它花了愛因斯坦八年之久。它對第一次世界大戰後的歐洲產生了巨大的衝擊，愛因斯坦因而成為全世界家喻戶曉的名字。

　　廣義相對論已在二十世紀、而且還將在二十一世紀產生深遠和廣泛的影響：它已導致幾何學的重要發展。它導出統一場論思想，而統一場論已成為基礎物理學中迄今尚未完全解決的主要目標之一。它還導出現代宇宙論這門學科，這門學科肯定將成為二十一世

紀重要的科學領域之一。

第三個革命：量子論（1900～1925）

　　量子論是人類歷史上一次偉大的知識革命。這個革命肇始於 1900 年普朗克（Max Planck, 1858～1947）提出的大膽假設，即黑體輻射的發射和吸收是量子化的。然而這個大膽的假設以後的發展卻極其困難，而且有時看起來是沒有希望的。1953 年奧本海默（J. Robert Oppenheimer）在他的萊斯講座中生動地描述了從 1900 到 1927 年為弄懂量子化思想的努力：

> 「我們對原子物理的了解，即我們稱之為原子系統的量子理論，源自世紀交替之時以及二〇年代時大量的綜合和解析工作。那是一個異常大膽的時代。它不是某一個人努力的結果，它包括來自許多國家的科學家的合作，……。」

　　1924～25 年間，物理學中量子化的意義尚未被最後澄清，愛因斯坦又提出了一個大膽的思想：玻色-愛因斯坦凝聚。當時的物理學家對此都很驚詫和懷疑。而這個思想在最近幾年中卻已經成為基礎物理中最熱門的課題，並且可以指望它在未來會有神奇的用處。整個發展是愛因斯坦具有敏銳洞察力的又一個例子：他的洞察力遠遠

超越他同時代的人。這是愛因斯坦天才的標誌。

藍佐斯（Cornelius Lanczos）在《愛因斯坦的十年（1905～1915）》（The Einstein Decade [1905-1915]）中曾這樣描述愛因斯坦在柏林當教授時的風格：

> 「幾乎每一個和他接觸過的人，都對他的風格的魅力留下了深刻的印象。」

在沃爾夫（Harry Woolf）為慶祝 1979 年愛因斯坦百年壽辰而編的文集上，威格納（Eugene P. Wigner）寫道：

> 「那些物理學討論會使我們認識了愛因斯坦思考的明晰，他的坦率、謙遜以及講解的技巧。」

「著迷」於統一場論

在普林斯頓，愛因斯坦有一連串的助手。在前述沃爾夫編的文集中，愛因斯坦的助手之一霍夫曼（Banesh Hoffmann）這樣描述愛因斯坦和助手們的關係：

> 「他從未對我們採用居高臨下的姿態。不論是在學術上還是在

感情上，他都使我們感到非常輕鬆自在。」

　　請允許我在這裡插進一些關於我個人的話題。1949 年我到普林斯頓高等研究所時，愛因斯坦已經退休。我們這些年輕物理學家對我們領域中這位傳奇人物非常崇敬，但是很自然，我們都不敢去打擾他。不過在他對我和李政道在 1952 年寫的兩篇關於相變的文章發生興趣後，曾找過我一次。那次我去了他的辦公室，在他那裡待了一個多小時。在他面前我很拘謹，並沒有真正聽懂他主要的想法，只知道他對於李和我闡明的液-氣相變的麥克斯韋式的圖很有興趣。

　　我現在很懊悔從來沒有和愛因斯坦一起合影，不過 1954 年秋天，我為我的兒子和他拍過一張照片。那張照片是在我和米爾斯（Robert L. Mills）已經寫了非阿貝爾規範場那篇文章以後拍的。今天我很自然會問，如果那時我和他討論了我們這篇文章的主要思想，他會有甚麼反應：他曾對相互作用的初始原理著迷多年，也許對非阿貝爾規範場理論會有興趣。

　　愛因斯坦在普林斯頓主要研究統一場論。他在創立廣義相對論以後就專注於這項研究。他在這方面的努力是不成功的，而且招來了廣泛的批評，甚至嘲笑。舉例來說，拉比（I. I. Rabi）曾說：

　　　　「回想愛因斯坦從 1903 或 1902 年到 1917 年的成就，那是非

凡多產的，極具創造性，非常接近物理學，有驚人的洞察力。然後他去學習數學，特別是各種形式的微分幾何，他變了。」

他的想法變了。他在物理學中那樣重大的創見也變了。

拉比對不對？愛因斯坦有沒有變？

為了回答這個問題，讓我們來讀一下愛因斯坦在其《自述註記》中寫的，數學怎樣會變得對他重要了：

「在還是學生時我並不清楚，深奧的物理學基本原理和最複雜的數學方法的關係密切。只是在我獨立地從事科學工作多年後，我才逐漸明白這一點。」

由此可見，愛因斯坦尋找「物理學基本原理」的目標並沒有變。改變的只是他探討問題的方法。創立廣義相對論的經驗告訴他：

可是創立（廣義相對論）的基本原理蘊藏於數學之中。因此，在某種意義上來說，我認為純粹推理可以掌握客觀現實，這正是古人所夢想的。

愛因斯坦的目標始終是探索「物理學的基本原理」。1899 年當他還是學生時，他寫信給米列娃（Mileva Maric，他們後來在 1903 年

結了婚）：

「亥姆霍茲的書還了，我現在仔細重看赫茲的有關電的力的傳送，因為我不懂亥姆霍茲電動力學中最少運動原則的理論。我愈來愈相信今日所提出的運動物體的電動力學與事實並不相符，我們可能可以用更簡單的方法去表示出來。」

他在二十歲時已經對物理學的基本原理發生興趣。而到 1905年，他所注意的這個基本原理就成為物理學偉大的革命之一：狹義相對論！

今天來評價愛因斯坦對統一場論的執著，我們可以說他確是著了迷。可是這是個多麼重要的迷，它為以後的理論研究指出了方向，它對基礎物理學的影響將深入到二十一世紀。

更具體地講，愛因斯坦曾一再強調的下列研究方向，直到現在物理學家才真正認識它們的重要性：

（一）物理學的幾何學化

1934 年愛因斯坦在〈物理學中的空間、以太和場的問題〉（The Problem of Space, Ether, and the Field in Physics）一文中寫道：

「存在度規－引力和電－磁兩種互相獨立的空間結構，……我們相信，這兩種場必須和一個統一的空間結構相對應。」

在這裡他已經直覺地認識到電磁是一個「空間結構」。這個直覺促使韋爾（Hermann Weyl, 1885～1955）在1918～19年提出電磁學是一種規範理論，「規範」的意思是「量度」，是一個幾何概念。愛因斯坦當時批評這個理論是非物理的（下面我們還將回到這一點）。後來在1927～29年間，福克（Vladimir A. Fock）、倫敦（Fritz London）和韋爾本人修改了這個理論，在「規範」的指數中加了一個因子$i = \sqrt{-1}$，使規範成為「相位」，從而形成了一個完美的幾何理論。

這個新的規範理論在1954年被推廣為非阿貝爾規範理論。自那時以來，非阿貝爾規範理論已經成為基本粒子物理中非常成功的標準模型的基礎。從許多方面來看，非阿貝爾規範理論是一個尚未竟全功的統一場論，部分地圓了愛因斯坦的夢。

非阿貝爾規範理論的數學基礎是一個稱為纖維叢上的聯絡的幾何結構。它和幾何學密切相關的另一個理由是它廣泛地，在基礎上用了對稱的概念。

在前面我們曾提到，愛因斯坦靠了廣泛的對稱性創立了廣義相

對論。非阿貝爾規範理論也具有類似的、廣泛的對稱。用數學語言來說，廣義相對論的對稱在於正切叢，而非阿貝爾規範理論則在於以李群為基礎的叢。

對稱本來是一個純粹的幾何學概念。這個概念就這樣成為基礎物理學的基礎。我曾用「對稱支配相互作用」來描述這個發展。

（二）自然定律的非線性化

愛因斯坦在其《自述註記》中寫道：

「真正的定律不會是線性的，也不能從線性定律導出。」

廣義相對論和非阿貝爾規範理論都是高度非線性的，這是高度對稱的內在要求。

（三）場的拓撲

愛因斯坦通過兩個不同的途徑將拓撲學引入了場論。第一個途徑是在他創立宇宙學的時候，拓撲學立即作為他考慮對象的一個基本要素。第二個途徑則比較不太為人所知，那就是前面已經提過的，他對韋爾早期的規範理論所持的異議。按照韋爾的理論，一根直尺在四維空間－時間中繞了一圈再回到原點，其長度將有改變。

愛因斯坦在他給韋爾早期文章之一所寫的跋中對此提出異議：長度因此而有改變意味著不可能將直尺標準化，因此不可能有物理定律。

　　愛因斯坦的短跋具有愛因斯坦所特有的思考風格：直搗物理的核心。它給了韋爾的原始思想以致命的打擊。只有在前面已經提到過的，插入了因子 i，將長度改變轉換為相位改變之後，才救活了這個思想。

　　上述轉換也消除了愛因斯坦原來的異議。可是相位改變是一個可以測量的量。如何測量呢？這就是由阿哈羅諾夫（Yakin Aharonov）和玻姆（David Bohm）兩人在 1959 年提出的，有名的阿哈羅諾夫－玻姆實驗（當時他們並不知道愛因斯坦所寫的跋）。這個實驗涉及到兩股電子束流的干涉，它和愛因斯坦原來的跋中繞圈的幾何相當。這是一個很難做的實驗，外村彰和他的共同工作者們在 1986 年左右出色地、定量地完成了這個實驗。

　　我要指出，這是首個實驗，證明在電磁學中，拓撲十分重要。電磁場是阿貝爾規範理論。在非阿貝爾規範理論的未來發展中，拓撲肯定將起更重要的作用。

愛因斯坦的反思

愛因斯坦在研究工作中非常獨立和執著。他的動力來自他對自然的強烈好奇心。在 1931 年的〈我所看到的世界〉（The World as I See It）一文中，愛因斯坦清楚地透露出來了他的力量的源泉。也就是說他清楚地透露出來了愛因斯坦之所以為愛因斯坦：

> 「我們能有的最美妙的經驗是神秘感。是這種原始的激情孕育了真正的藝術和真正的科學。
>
> 　不論是誰，如果沒有這激情，如果不再感到好奇和驚異，那就和死去了一樣，他的眼睛即失去了光明。這種神秘感，再滲入些恐懼，就形成了宗教。
>
> 　認識到存在某些我們無法洞察的事物，認識到我們只了解最深的理論和最美麗的結構的皮毛，是這種認識和這種情感構成了真正的宗教信仰；在這個意義上，也只是在這個意義上，我是一個深深投入宗教的人。」

在另一場合，愛因斯坦強調「品性」對研究工作的重要性。在 1935 年一次紀念居里夫人的會上，他講道：

領袖人物的道德素質，比純粹的知識方面的成就，對於一代人

和整個歷史發展進程的影響，似乎更為重要。

即使知識方面的成就，也取決於品性的崇高程度，而其所起的作用，比一般認為的要大得多。

在愛因斯坦誕生後一百二十五年，去世半個世紀的今天，他的思想依然左右著基礎物理的前沿。他不僅深深地改變了我們對於空間、時間、運動、能量、光和力這些基本概念的了解，而且還繼續以他的品性來激勵我們：獨立思考、無畏、不受拘束、富有創造力而執著。

范世藩、楊振玉　譯

（本文原為 2004 年 3 月 14 日楊振寧教授在德國紀念愛因斯坦誕生一百二十五週年大會上的英文演講稿，刊載於《二十一世紀》（由香港中文大學中國文化研究所出版）2004 年 6 月號總號第 83 期。本刊榮獲該刊與楊教授同意轉載，特與讀者分享。）

（2004 年 6 月號）

参考資料

1. Henri Poincare,"The Principles of Mathematical Physics", in Physics for a New Century: Papers Presented at the 1904 St. Louis Congress, The History of Modern Physics, vol. 5 (New York: American Institute of Physics, 1986), 284.

2. Abraham Pais, Subtle Is the Lord: The Science and the Life of Albert Einstein (Oxford: Oxford University Press, 1982), 167.

3. 9bn Albert Einstein, Autobiographical Notes, trans. Paul Arthur Schilpp (La Salle, Ill.: Open Court, 1992), 63; 15; 85.

4. J. Robert Oppenheimer, "A Science in Change", in Science and the Common Understanding (London: Oxford University Press, 1954), 37.

5. Cornelius Lanczos, "Introduction", in The Einstein Decade (1905-1915) (New York: Academic Press, 1974), ix.

6. Eugene P. Wigner, "Thirty Years of Knowing Einstein", in Some Strangeness in the Proportion: A Centennial Symposium to Celebrate the Achievements of Albert Einstein, ed. Harry Woolf (Reading, Mass.: Addison-Wesley, 1980), 461.

7. "Working with Einstein", in Some Strangeness in the Proportion, 476; 485.

8. Albert Einstein, "On the Method of Theoretical Physics", in Ideas and Opinions (London: Alvin Redman, 1956), 270.

9. Jurgen Renn and Robert Schulmann, eds., Albert Einstein/Mileva Maric: The Love Letters (Princeton: Princeton University Press, 1992), 10. 中譯引自童元方的譯本：《情書：愛因斯坦與米列娃》（臺北：天下遠見出版股份有限公司，2000），頁 27。

10. Albert Einstein, "The Problem of Space, Ether, and the Field in Physics", in Ideas and Opinions, 285.

11. Albert Einstein, "The World as I See it", in Ideas and Opinions, 11.

12. Albert Einstein, "Maria Curie in Memoriam", in Ideas and Opinions, 76-77.

藝術和科學

◎—李政道

美籍華人物理學家。1957 年，三十一歲時與楊振寧因一起提出「宇稱不守恆理論」獲得諾貝爾物理學獎。李政道和楊振寧是首兩位獲諾貝爾獎的中華民國籍和華人諾貝爾獎得主。

被聘為中央工藝美術學院的名譽教授，我感到非常榮幸。1994年，黃冑先生和我一起組織「藝術與科學」的研討會，有許多藝術家和科學家參加，常沙娜院長、吳冠中、袁運甫和魯曉波教授都是積極參加者。1995 年，為慶祝《科技日報》發行十週年，我們又曾很高興地聚在一起以「對稱與非對稱」為題作畫。

在座的許多年輕藝術家可能沒參加上述活動。我想常院長、袁教授和魯教授會允許我在這裡重申一個基本的思想，即科學和藝術是不可分割的，就像一枚硬幣的兩面。它們共同的基礎是人類的創造力，它們追求的目標都是真理的普遍性。

藝術，例如詩歌、繪畫、雕塑、音樂等，用創新的手法去喚起每個人的意識或潛意識中深藏著的已經存在的情感。情感越珍貴、

喚起越強烈、反映越普遍,藝術就越優秀。

科學,例如天文學、物理學、化學、生物學等,對自然界的現象進行新的準確的抽象。科學家抽象的闡述越簡單、應用越廣泛,科學的創造就越深刻。儘管自然現象本身並不依賴於科學家而存在,但對自然現象的抽象和總結乃屬人類智慧的結晶,這和藝術家的創造是一樣的。

科學家追求的普遍性是一類特定的抽象和總結,適用於所有的自然現象,它的真理性植根於科學家以外的外部世界。藝術家追求的普遍真理性也是外在的,它植根於整個人類,沒有時間和空間的界限。

複雜與簡單

1996 年 5 月底,在北京中國高等科技中心,混沌與分形的創始人費根鮑姆(M. Feigenbaum)、曼德勃羅(B. Mandelbrot)等與中國同行一起討論的就是關於「複雜與簡單」的科學課題。吳冠中教授以「複雜與簡單」為題作了一幅抽象畫,其題詩則概括了這幅畫的神韻。我在與吳教授商榷後,改動了幾個字,也書寫了一首題畫詩(圖一)。

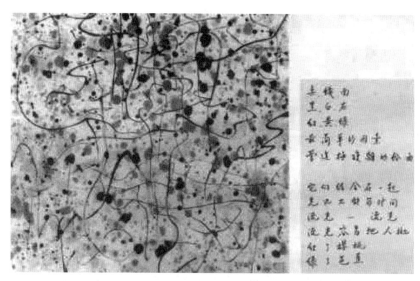
圖一：左圖為吳冠中教授所作題為〈複雜與簡單〉的抽象畫，右圖為李政道教授的題畫詩手跡。

標度定律

在科學中，許多複雜結構都遵從非常簡單的數學公式。這裡，讓我們以海螺的形狀為例。1917 年，湯姆森（D' Arcy Thomson）發現，海螺的螺旋結構可以用簡單的數學公式來表示，這就是半徑的對數線性地依賴於角度（即它們的變化是直線關係）。我們稱這類關係為標度定律（圖二）。只要知道結構的一小部分，就能從標度關係預言整體的結構。

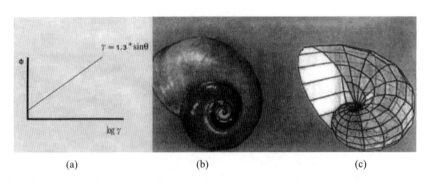

圖二：標度定律與海螺結構。(a)標度定律；(b)海螺的外形；(c)按照標度公式由計算機畫出的圖形。

分形

「分形」這一課題，是簡單性產生複雜性的又一例證。由一組稱為曼德勃羅集的複數，通過簡單的數學結構可以得到一系列複雜的圖形。相應的公式在數學上的構造為

$$C_n = C_{n-1}^2 + c$$

其中 c 是一個任意的固定數，C_n 是曼德勃羅數集的第 n 個元素。只要稍有耐心，任何人使用小計算器，就能由這個公式導出曼德勃羅數集，得到一組美妙的圖形。從初始數 c 出發，完成如下步驟，即可導出曼德勃羅數集：

將 C_1 取平方再加 c，結果為 C_2（$= C_1^2 + c$）；將 C_2 取平方再加

c，結果為 C_3（$= C_2{}^2 + c$）；繼續上述步驟，第 n 個數 C_n 是從前一個數 C_{n-1} 得到的，$C_n = C_{n-1}{}^2 + c$，餘此類推。

如果取 c = 0.1，則有 $C_1 = 0.11$，$C_2 = 0.1121$，$C_3 = 0.11256641$，……，每一步都使數 C_n 略有增長。重複此過程無窮次，仍會得到一個有限數 C_∞，它滿足方程 $C_\infty = C_\infty{}^2 + c$。對於 c = 0.1，$C_\infty = 0.112701665……$。

如果取 c = 1，則 $C_1 = 2$，$C_2 = 5$，$C_3 = 26$，……，每一步都使數 C_n 增大很多，重複此過程無窮次，將得到無窮大。在這種情況下，對於任一給定的大數 M，一定能找到一個足夠大的重複次數 N，使 C_N 大於 M。對於 c = 1，若 M = 100000，則 n = 5，因為 $C_5 = 458330$。

這樣，可將所有初始數 c 分為兩類：使 C_∞ 為有限的，屬於 A 類，如 c = 0.1 的情況；其他的，即讓 C_∞ 為無窮大的，屬於 B 類，如 c = 1 的情況。

為了得到一組複雜的黑白圖形，需取 c 為任意複數。為了再得到彩色圖形，需對每一個黑白圖形指定一個數 M，取圖中任一點 c，產生數集 C_1，C_2，…直到 C_n 大於 M。將用顏色來代表 n 關聯，結果就能得到一組美麗的圖形。

為使科學家能準確地表達他們對自然界的抽象，數學方程式是

必須的工具。不過，方程式只是工具，不能將它與科學的整體混淆。這就像旅行需要汽車，然而汽車行駛的方向則要由人決定。在這個意義上，汽車在實現駕車人的特定意願。然而，一輛汽車絕不可能代表駕車人的人生目標。

道

自古以來，中國的哲學就是基於一個概念，即所有的複雜性都是從簡單性產生的，如老子所說：「道生一，一生二，二生三，三生萬物。」

大千世界的複雜性是怎樣從簡單性中來的？或者說，世界的千變萬化，通過什麼機制才能從簡單的「道」中產生？這些問題促使我們討論「靜和動」的關係。

靜和動

世界是由帶負電和帶正電的粒子構成的。通過它們之間的相互作用，形成原子、分子，氣體、固體，地球、太陽……。這種負電荷和正電荷的對偶結構，或稱「陰」和「陽」，可以用著名的「太極」符號恰當地表現出來。

然而，正如吳作人在他的作品〈無盡無極〉中表現的，世界是

動態的。這幅畫（圖三）為中國高等科學技術中心（CCAST）的一次研討會而作，很好地體現了如下意境：宇宙的全部動力學產生於似乎是靜態的陰陽兩極對峙——似靜欲動的太極結構蘊育著巨大的勢能，這勢能可以轉換為整個宇宙的所有動能。

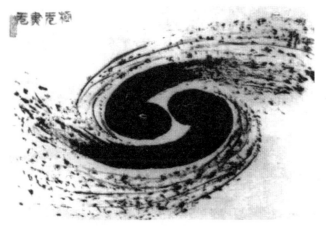

圖三：吳作人的中國畫〈無盡無極〉，為祝賀北京正負電子對撞機（BEPC）建造成功而作。

北京正負電子對撞機

北京正負電子對撞機（BEPC）使兩個強束流相對加速。一束電子流，一束正電子（電子的反粒子）流，在達到每個粒子二十二億電子伏特的能量時發生對撞，由此產生許多新的粒子激發態。BEPC

的一個特別重要發現是在 1992 年精確測定了τ介子的質量，這一結果肯定了普遍性原理存在於所有的基本粒子（包括強子和輕子兩類）之中。每類粒子有三代，這些粒子是構造宇宙中所有物質的基本單元。對於τ介子質量的精確測定，被國際物理學界視為當年粒子物理的最重要發現。受到 BEPC 成就的激勵，常沙娜教授以敦煌石窟壁畫的風格畫了六座山峰，每個峰代表一代基本粒子。最重的輕子的峰用 BEPC 實驗的數據表示（圖四）。

圖四：常沙娜的壁畫風格畫。中間的小圖為 τ 介子質量和探測器效率雙參數擬合曲線；畫中那座代表最重的輕子山峰，其輪廓即取該曲線的形狀。右上角是李政道的老師——費米的模版照片，表示他對 BEPC 實驗成就的祝福。

相對論性重離子對撞機和真空激發

世界上目前正在建造的最大的高能加速器，是美國布魯克黑文國家實驗室（BNL）的相對論性重離子對撞機（RHIC）。這臺使重離子發生對撞的加速器，耗資約十億美元，將於 1999 年建成。建成後，它可以使加速到 20 萬億電子伏特的金離子對撞，這個能量大約是BEPC對撞粒子能量的一萬倍。在如此高的能量下，兩個金核中的物質互相穿過，而將所帶的相當一部分能量留下。人們以此來激發真空。

RHIC 的概念、建造和物理計畫，與我本人及我在 BNL 廠和 CCAST 的同事們的研究工作密切相關。真空是一個無物質的狀態，它恐怕是最靜態的實體。但是由於相互作用不可能切斷，真空中仍充滿能量的漲落，其表觀的靜態性質掩蓋了複雜的動力學狀態。

碰撞之前，在兩個相向高速飛行的金核之間通常是真空的。碰撞之後，這兩個核所帶物質幾乎仍沿原來方向運動，但留下所帶能量的相當一部分。因此，在兩個迅速背向飛離的原子核之間的區域，有很短的一段時間沒有物質（與通常的真空一樣），但卻被激發了。這種激發的複雜性，和宇宙產生的最初瞬間，即一、二百億年前「大爆炸」時的情況相同。

圖五：李可染的中國畫〈核子重如牛對撞生新態〉，為人類有可能通過相對論性重離子對撞機激發真空而作。

為了稱頌人類已有可能通過 RHIC 來探索宇宙的起源和真空的複雜性，李可染先生奉獻了題為「核子重如牛對撞生新態」的畫作（圖五）。這幅中國畫是表現靜態與動態相輔相成的又一傑作。畫中，兩牛抵角相峙，似乎完全是一種靜態，而這相峙之態蘊含的巨大能量，卻又是顯而易見的，大有演變成激烈角鬥之勢。

科學的發現和藝術的表達

除真空以外，什麼都是由物質構成的。物理的、天文的、生物的、化學的物質體系，都是由同樣的有限種類的粒子、原子、分子構成的。科學的目的就是研究一切物質的基本原理，即「物理」。中文名詞「物理」，乃物之理也，最初包羅所有的科學，不限於西

方名詞「physics」所指的範圍。

「物理」一詞，可從杜甫的詩句中找到。杜甫是自古以來最偉大的詩人之一，他於唐肅宗乾元元年所作的〈曲江二首〉中有如下詩句：

「細推物理須行樂，何用浮名絆此身。」

這一非凡的詩句，道出了一個科學家工作的真正精神。不可能找出比「細」和「推」更恰當的字眼，來刻畫對物理的探索。由此可見，在輝煌的中國文明歷史中，藝術和科學一直是不可分割地聯繫在一起的。

新星和超新星的發現

近世出土的中國古代甲骨文中，留有世界上第一次發現新星的觀測記錄。新星是一種爆發變星，它本來很暗，通常不易看見，爆發後的亮度卻可在幾天到一個月的短暫期間內突然增強幾萬倍，使人誤以為是一顆「新星」，故得此誤稱並沿用至今。在一片於西元前十三世紀的某一天刻寫的甲骨文上，記載著位於心宿二附近的一次新星爆發（圖六）。在這片甲骨文上，說到「新大星」時，所用的甲骨文「新」字中，包含著一個箭頭，指向一個很奇怪的方向。

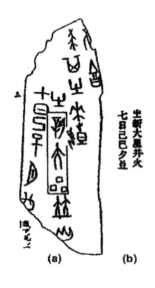

(a) **(b)**

圖六：記載公元前十三世紀一次新星爆發的一片
中國古代甲骨文，這是人類歷史上最古老的新
星觀測記錄。如圖(a)所示的這片甲骨文目前收
藏在台灣的中央研究院。其左邊兩行文字的釋
文見圖(b)，其大意為：七日（己己）黃昏時有
一顆新星出現在大火（即心宿二）附近。圖(a)
中加方框的三個甲骨文即「新大星」三字。

這個古老生動、藝術形象的象形文字強調了科學發現的創新性，顯
示了科學發現和藝術表達的一致性。

在另一片於幾天後刻寫的甲骨文上，又記載了這顆星的亮度已
經明顯下降。新星爆發是因核的合成而發生的。在一顆恆星的整個
演化過程中，可以數次變成新星；而變成超新星，卻只有一次機
會，那就是它「死亡」的時刻。超新星爆發是一種比新星爆發猛烈
得多的天文事件，爆發時的亮度高達太陽亮度的百億倍。它意味著
這顆恆星的最後崩坍，或是變成星雲遺跡，或是因其質量的不同而
變成白矮星、中子星或黑洞。

超新星是罕見的天象，在宋史中有關於超新星的最早的完整記載。其中說到，在宋仁宗至和元年的一天，即西元 1054 年 8 月 27 日，大白天的天空中突然出現一個如雞蛋大小的星體，其亮度緩慢地減弱，兩年後，即於 1056 年 4 月變得難以觀測。這顆超新星位於蟹狀星雲的區域，現在我們知道其中心確有一顆中子星（脈衝星）。宋史中對其亮度變化的詳細記載與現代的天文知識完全相符。事實上，這是現存的第一個這樣的科學記錄。

屈原如何推斷地球必須是圓的

另一個藝術與科學統一的傑出的例子是屈原的文章〈天問〉。在現存屈原的十七卷作品中，它屬於第三卷。這篇以氣勢磅礴的詩句寫成的文章，完全可能是基於幾何學分析、應用了精確推理的最早的宇宙學論文之一。我在這裡抄錄其中的兩段：

> 「九天之際，安放安屬？
>
> 隅隈多有，誰知其數？
>
> 東西南北，其修孰多？
>
> 南北順橢，其衍幾何？」

詩中的「九天」指天球的九個方向：東方昊天，東南方陽天，

南方赤天，西南方朱天，西方成天，西北方幽天，北方玄天，東北方鸞天，中央鈞天。

在第一段中，屈原推理道：假定天空的形狀是半球，若地是平的，天地交接處必將充滿奇怪的邊邊角角。什麼能夠放在哪裡？它又屬於什麼？宇宙這種非解析的幾何形狀太不合理，因而不可能存在。因此，地和天必不能互相交接。兩者必須都是圓的，天像蛋殼，地像蛋黃（當然其間沒有蛋白），各自都能獨立轉動。

在第二段中，屈原推測，地的形狀可能偏離完美的球形。東西為經，南北為緯。屈原問道，哪個方向更長？換句話說，赤道圓周比赤經圓周更長還是更短？然後，他又問道，如果沿赤道橢圓弧運動，它又應當有多長？

今天我們知道，地球的赤道半徑（6378.14 公里）略長於地球的極半徑（6356.755 公里）。而西元前五世紀的屈原，在推論出「地」必須是圓的之後，甚至還能想像出「地」是扁的橢球的可能性，堪稱一個奇跡。這一幾何、分析和對稱性的絕妙運用，深刻地體現了藝術與科學的統一。

璧、琮、璇璣和正極

按中國的傳統，玉璧代表天，玉琮代表地。《周禮》中就有

「以蒼璧禮天，以黃琮禮地」的說法。玉璧和玉琮，形狀精美悅目，都是絕妙的藝術品。然而，人們卻不知道它們的來源。這裡，我想嘗試地給出一種個人的新推測，也許璧和琮是某種更古老的天文儀器的藝術表現。

我們不妨設想，有一位生活在新石器時代的聰明祖先，他為美麗的夏季夜空所吸引，從入夜到拂曉，一直仰望著星星閃爍的清朗天穹，夜夜如此。當他發現天幕中所有的星星都緩緩繞著自己旋轉時，自然會奇怪什麼宇宙之力能引起這樣無限宏大的運動？而且，天空中有一個點是不動的，這又是為什麼？

所有的轉動都應當繞著一個不動的軸進行。天空中轉動著的星星也一定繞著一個固定軸，即使我們看不見它。這個軸與半天球的交點決定了天空中的一個固定點（稱為「正極」）。今天我們知道，這根軸就是地球的自轉軸。我們的祖先雖不知道這些，但卻聰明地領悟到，無論支配它的機制是什麼，這一固定點具有根本的重要性，必須用儀器對它作精確定位。這就是我推測的璧和琮的來由。

璇璣是商代和商以前時期工藝品中的另一個謎，它很可能是新石器時代使用的一種真實儀器的藝術表現。按照西漢文獻記載，璇璣是一種「徑八尺，圓周二丈五尺」的圓盤，是「王者正天文之

器」。自漢世以來，絕大多數人認為它是渾天儀的前身——璇璣玉衡中的一個部件。

最近我在想，一個新石器時代的中國天文學家，要把天空中的固定點準確定位到零點幾度，可能設計一臺怎樣的科學儀器。

我想，他需要一個直徑約八尺、中心有孔洞的大圓盤，盤的邊緣刻有三個近似方形的凹槽。圓盤藉中心孔洞，套裝在一個約十五尺長的直圓柱筒上端，柱筒截固的中心有一個孔。當天文學家在柱筒的下端通過盤邊的凹槽觀測天空時，可以看到每個槽中都嵌有一顆亮星。在龐陽教授的幫助下，我推測這三顆星很可能是大熊座（北斗）的η星，以及天龍座的η星和λ星。隨著夜色的推移，這三顆星在天幕上轉動。為了使每個凹槽繼續跟蹤同一顆星（方形凹槽對此最有利），圓盤也需要作相應的轉動。如果能精確地作這樣的跟蹤，就能從柱筒中心孔自動觀測到天空中的固定點。

在盤的邊緣有三個凹槽，這是決定圓心的充分必要條件。槽的位置，又取決於對需跟蹤的三顆星的選擇。為了得到最高的精確度，理想的設計是選擇接近相等的間距。顯然，盤越大、圓形越精確、圓柱筒越長，定位就越準確。在新石器時代的技術條件下，要以竹、木材料製作直圓筒，十五尺恐怕是極限長度了。為了使圓筒牢固與準直，還要在空心圓柱之外加上一個更結實的套筒，比如一

個硬木製的用石頭加固的方形套筒。這樣，就成了一臺儀器，我們不妨把它叫做「璇璣儀」（圖七）。

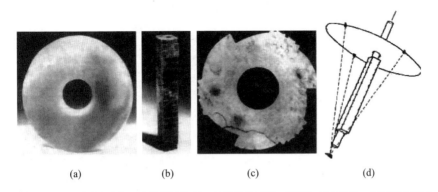

(a)　　　　(b)　　　　(c)　　　　(d)

圖七：玉璧、玉琮、璇璣和古代天文儀器的復現。(a)商代的玉璧，直徑為 20.4 公分；(b)商代的玉琮，高為 47.2 公分；(c)商代的璇璣，直徑為 33 公分；(d)李政道設計復現的古代「璇璣儀」，用於測定天空中固定點──正極，其中含有璧、琮和璇璣等部件。

如果天空的固定點──正極，恰處於某一顆星的附近，人們定位的好奇心會更加強烈。如今，正極靠近小熊座的α星。過去的情況卻並非如此，只是在西元前 2700 年左右是個例外。在更古老的年代，天龍座的 α 星幾乎與正極相重疊。前面提到的三顆星，即天龍座的 η 星、λ 星和大熊座的 η 星，在當時都是相對比較亮的星。巨大的「璇璣儀」很可能就是在那個時期製造的，天龍座的重要性也由此得到重視。

從新石器時代進化到商代，這一科學的成就又激發了藝術的創

造力。巨大的「璇璣儀」的部件演變成象徵性的精細拋光的玉製藝術品：刻意帶了槽的玉片是商代的玉璇璣，不帶槽的正片是商玉璧，而圓柱筒和它的方形套筒則演化成商玉琮。

圓盤追蹤於天，而方形套筒和圓柱筒則置於地。這就是璧表示天，琮表示地的原因。兩者都是中華古代文明的傑出象徵。作為玉雕，它是藝術，作為原始儀器，它是科學。藝術與科學如此緊密的聯結，正是中國文化固有的內涵。幸運的是，我們至今還保存著這些精美的商代玉器。通過這些藝術品，我們才得以一瞥祖先的科學成就。

在構思重建這一古代儀器的過程中，袁運甫教授的一幅關於漢鏡與自由電子激光的畫作（圖八），給了我極大的鼓勵。幾年前，亞洲的第一束自由電子激光在中國成功地產生。1995 年 CCAST 組織了一次國際研討會，慶祝這一成就。

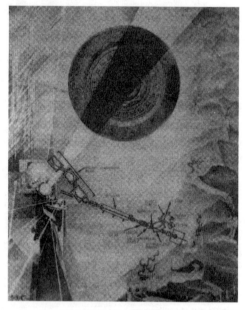

圖八：袁運甫的繪畫〈漢鏡傳訊達萬里，電子激光集須彌〉，為中國成功地產生亞洲第一束自由電子激光而作。

袁運甫教授奉獻的傑作，用自由電子激光為橋樑，溝通了我國古代的成就和現代的功業。

對稱與非對稱

　　弘仁（1610～1664）的山水畫是很有名的，他創建了幾何山水畫的中國學派。我們從他的作品中，不難找出一幅近似左右對稱的山水畫（圖九）。這種幾何山水畫是對自然山水的抽象，能給人一種美的享受，但是，如果將畫的一半與它的鏡像組合，形成一幅完全對稱的山水畫，效果就會迥然不同。這種完全對稱的畫面，呆板

(a)　　　　　　　　　　　　(b)

圖九：近似對稱與完全對稱的畫面。(a)弘仁的一幅幾何山水畫，畫中對岩石的分層結構的刻畫清晰可見，也顯示出內在的近似左右對稱；(b)將圖 a 山水畫的一半與其鏡像組合而成的一幅完全對稱的山水畫，看上去有些陰森，像個黑勢力的巢穴，完全對稱的結果使原來那幅山水畫中的魅力喪失殆盡。

而缺少生氣，與充滿活力的自然景觀毫無共同之處，根本無美可言。

中國窗櫺的對稱性

對自然界中對稱性的欣賞始終貫穿於人類的文明之中。各種規則的晶體，無論從宏觀看還是從微觀看，都是自然界中嚴格對稱的突出例子。這激發了人類在裝飾藝術中的相應嘗試，例如中國的窗櫺圖案（圖十）。

圖十：三種中國窗櫺圖案。(a)具有二重轉動對稱（記為 P_2）的圖案。(b)具有六重轉動對稱（記為 P_6）的圖案。(c)具有四重轉動對稱（記為 P_4）的圖案，其四重轉動的中心位於與垂線和水平線成 45°角的交叉路的交點上，鏡像反射則對應於不通過轉動對稱中心的垂線與水平線。

為準確地描寫對稱性，波利亞（George Polya）在 1924 年證明，一共有十七種二維的格點對稱模式：

平行四邊形：P_1, P_2

長方形：P_1m, P_1g, P_2mm, P_2mg, P_2gg

菱形：C_1m, C_2mm

正方形：P_4, P_4mm, P_4gm

六邊形：P_3, P_3ml, P_3lm, P_6, P_6mm

其中，第一位上，字母p表示該模式的原胞，菱形由於歷史原因例外地用c表示；第二位上，相應的數字表示原胞具有 1,2,3,4 或 6 重轉動對稱；第三和第四位上，m 表示鏡像對稱，g 表示滑移反射對稱，若某對稱性有不只一根對稱軸，則相應的字符重複。

雖然，波利亞的證明到本世紀才確立，研究中國傳統的窗櫺圖案是否已包含所有這十七種模式，仍然是件有趣的事。若果真如此，很可能中國古代的工匠已知道這一科學結論。

左右不對稱

對稱的世界是美妙的，而世界的豐富多采又常在於它不那麼對稱。有時，對稱性的某種破壞，那怕是微小的破壞，也會帶來某種

美妙的結果。

　　宇稱守恆定律的否定，正是由於發現了基本粒子在其弱相互作用中有左右不對稱性的變化。1994 年，我在西安博物館看到，漢代竹簡上將「左右」寫為「左」，頗受啟發，有感而書：

　　　　「漢代係鏡中左，

　　　　近日反而寫為右；

　　　　左右兩字不對稱，

　　　　宇稱守恆也不準。」

　　「鏡像對稱與微小不對稱」是 1995 年第二次「藝術與科學」研討會的主題，常沙娜和吳冠中貢獻的兩幅畫（圖十一、圖十二），體現了「似對稱而不對稱」的美妙。藝術和科學都是對稱與不對稱的巧妙組合。

真理的普遍性

　　我想，現在大家會同意我的意見，即藝術和科學是不可分割的。兩者都在尋求真理的普遍性。普遍性一定植根於自然，而對它的探索則是人類創造性的最崇高表現。

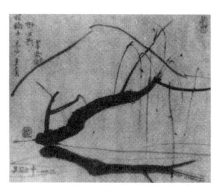

圖十一：常沙娜的〈水邊鐵花兩三枝，似對稱而不對稱〉。

圖十二：吳冠中的〈對稱乎，未必，且看柳與影，峰兩側〉。

中國古代文化有幾方面與其他古代文化不同。唯有它是從新石器時代延續至今的；唯有它是基於自然與人類的和諧而不是任何專制者的口味。在大汶口發現的新石器時代的

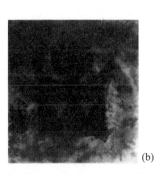

(a)   (b)

圖十三：關於日、月、山的石刻與繪畫。(a)大汶口的新石器時代石刻。(b)魯曉波的畫作。

雕刻「日、月和山」，就是一個極好的例證（圖十三(a)）。而魯曉波的一幅畫則是同一主題的現代演繹：日、月、山，這三個自然界的重要客體與人類的統一（圖十三(b)）。畫中，山峰上的兩個天體，渾似一個人形，這一哲學和神話式的組合，似乎抒發了我們對自然的深厚

感情。這幅畫恰當地體現了 CCAST 的「關於二十一世紀中國環境問題研討會」的目的。

（1997 年 9 月號）

量子力學、費曼與路徑積分

◎—高涌泉

1985 年柏克萊大學物理博士,現任國立臺灣大學物理系教授,《科學月刊》編輯
委員。

相對論與量子力學

　　毫無疑問的,二十世紀物理學中最重要的二個成就是相對論
(Relativity)與量子力學(Quantum mechanics)。然而這兩門學問誕
生的方式與展現的風格,卻大不相同。相對論(狹義與廣義)出現
時,就已經像一顆雕琢精緻、光芒耀眼的鑽石,是一完美無缺的藝
術品。其創造者愛因斯坦(A.Einstein, 1879～1955)從一個非常基本
的物理原則,即「對稱原理」出發,推演出一套幾乎無懈可擊的數
學架構,所以相對論有一種非得如此不可的氣勢。難怪愛因斯坦曾
很有信心地對朋友說:「沒有人在理解它之後,能逃離這理論的魔
力」。

　　雖然相對論在一般人的印象裡是一個非常玄妙深奧的理論,其

實比較起來，描述微觀世界規則的量子力學是更為怪異，幾近於荒誕的學說。相對論可以說是愛因斯坦一人的心血結晶，而量子力學卻是集眾人之力，一點一滴累積起來的。不過在建立量子力學過程中，還是有一些關鍵時刻，特別是在 1925 年海森堡（W.Heisenberg, 1901～1976）發現：任何一個物理量都可以由一矩陣來代表。海森堡找到了這些矩陣所應遵循的方程式。海森堡的成功來自於他對實際物理現象的深刻了解，以及誰也無法解釋的靈感。

在海森堡提出他的矩陣力學半年之後，薛丁格（E.Schrodinger, 1887～1961）發表了另一個方程式，也可以正確地計算出與實驗結果相符的物理量。薛丁格的出發點是將物質（例如電子）看成是波動。這和海森堡依舊把電子當成粒子是截然不同的。不過人們很快地就理解到海森堡與薛丁格二人的理論在數學上是等價的（equivalent），所以我們終究只有一套而非兩套量子力學。

先前筆者已提過，相對論是從一個非常自然的物理原則出發，繼而推導出數學方程式。而在量子力學的情形則是在尚未能看清全局時，我們就已找到了適用的方程式。許多物理學者，包括一些對量子力學有很大貢獻的人，曾以為人們很快就會發現量子力學出錯的地方。沒想到我們至今仍未碰到量子力學有任何不妥之處。這是非常驚人的；總之，儘管今天物理學者還在爭辯量子力學方程式的

物理意義為何，這些方程式的正確倒是無庸置疑的。

理查・費曼

在本篇文章中，筆者想介紹量子力學最有趣的一種數學表現方式，即理查・費曼（Richard Feynman,1918～1988，依發音應翻譯成理查・范恩曼）所發明的路徑積分（Path Integral）。這理論發表於1948 年《現代物理評論》（Review of Modern Physics）期刊上。費曼其實更早在 1941 年就已完成這一工作；當年他才二十三歲，還是研究生。只因為二次大戰期間費曼投入曼哈坦（Manhattan）原子彈製造計畫，所以延遲發表這一項在很多人的評價裡是費曼最重要的作品。

費曼是二十世紀後半期風頭最健的物理學家，他在臺灣也頗為一般人所知。原因是有關於他傳奇事蹟的中文書籍有不少讀者。凡是讀過《別鬧了費曼》（Surely you are joking, Feynman）、《你管別人怎麼想》（What do you care what other people think）或《天才的軌跡》（Genius）的讀者，很難不著迷於費曼那熱情的性格，獨特的人生觀及不凡的遭遇。

話說回來，讓費曼在物理界成名的，倒不是路徑積分而是他在量子電動力學上的貢獻。特別是他所發明的費曼圖，已成為理論物

理學者不可缺少的研究工具。圖一是費曼圖的一個例子。這個圖代表電子與電子的碰撞。

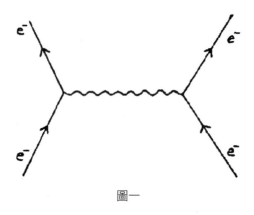

圖一

其中實線代表電子，波浪線代表光子（交互作用）。每個費曼圖除了給所要描述的物理現象一個非常直覺、清楚的圖像外，還可以幫助我們輕易而精確地分析這些現象。原因是費曼有一套人們稱為費曼法則（Feynman Rule）的步驟，可以將費曼圖對應到特定的數學式子。透過這個數學式子的計算，我們就能定量地掌握費曼圖所代表的物理現象。一般而言，較複雜的費曼圖（見圖二）所對應的數學式子，處理起來也比較困難，這往往要借助計算機才能得到結果。

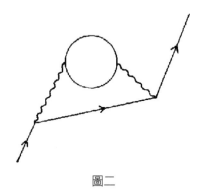

圖二

　　二次大戰結束後，物理學家從武器研發工作回到學術崗位。那時量子電動力學是研究焦點。在眾多逐鹿者之中，徐文格（J. Schwinger）與朝永振一郎（Sin Ichiro Tomonaga）最早得到突破，他們率先從複雜的計算中取得與精密實驗一致的結果。費曼則以他的費曼圖異軍突起，甚至有後來居上的聲勢。朝永、徐文格與費曼三人的工作為二十世紀後半眾多理論物理進展打下基礎，稱得上具承先啟後的樞紐地位。為此他們三人共同獲得 1965 年諾貝爾獎。三人中較年輕的費曼、徐文格二人皆出生於 1918 年，也都因癌症於近年去世。二人都在年輕時已顯露其數理天才，也都是很早就被認定會在科學上有了不起的貢獻。二人之間有一種很微妙的，既是科學道路上的伙伴也是競爭者的關係。1945 年，在美國發展原子彈的洛斯

阿拉摩斯（Los Alamos）實驗室，費曼與徐文格第一次見面。那時兩人只有二十七歲，而徐文格已發表有二、三十篇文章，算是小有名氣。費曼對徐文格說：「我什麼都還沒作出來時，你卻已在一些事情上留下名字了。」費曼那時不知道，假如他們二人自第一次見面起就不再有新作品，從後代眼光看，費曼憑他的路徑積分就足以和徐文格分庭抗禮、平起平坐，甚或還略勝一籌的。

古典力學

回到本文主題，以下筆者就要介紹路徑積分。這得從古典力學講起。古典力學的核心是牛頓運動方程式，這方程式可以描述物體（如粒子）的運動軌跡。它的形式是大家都很熟悉的

$$F = ma \qquad (1)$$

其中 F 代表物體所受的力，m 是物體質量，a 是加速度；也就是物體所在位置對時間的二次微分。一旦知道物體在某一時刻 t_i 的位置 x_i 及其速度 v_i，我們就可以經由解牛頓方程式（1），得到物體在 t_i 以後時刻的軌跡（見圖三）。

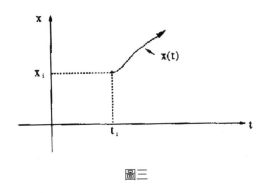

圖三

最小作用量原理

自十七世紀牛頓發表他的名著《自然哲學的數學原理》闡明其力學原理以來，人們仍不斷地在充實古典力學的數學架構。除了靠解微分方程式以求得運動軌跡之外，另外還有一個從表面上看很不相同，但其實在數學上是等價的方法，也就是從積分觀點著手的「最小作用量原理」（least action principle）。這個原理的敘述是這樣的：

若我們要知道當物體從（t_i, x_i）時空點走到（t_f, x_f）時空點，到底是循著那一條路徑 x(t)時（見圖四），在無窮多可能的路徑中，筆者只代表性地劃了三條路徑〔$x_1(t)$, $x_2(t)$, $x_3(t)$〕，我們只要計算一個積分：

$$S(x(t)) = \int[mv(t)^2/2 - U(x(t))]dt \quad (2)$$

在積分式子中，$v(t)$是物體在 t 時刻的速度，，所以也就是動能，$v(x(t))$是物體在 x(t)位置的位能。把任何一條路徑 x(t)代入式（2），都有一個相對應的值S(x(t))，S 被稱為作用量（action）。物體真正走的路徑只有一條，讓我們把它記作 x(t)。x(t)的特點就是：它所對應的作用量S(x(t))其他所有不對的路徑所對應的 S 值都還要小。亦即S(x(t))是S(x(t))函數的極小值（見圖五）。

我們可以從數學上證明對應到最小作用量的路徑【瀏覽原件】，也滿足牛頓運動方程式。在微積分中，我們若要求某一個函數 f(x)的極大或極小值，我們只要算 f(x)的微分 f'(x)，而後找 f'(x)=0 的解就可得到答案。前面提到的作用量 S（x(t)）並不是一般的函數，因

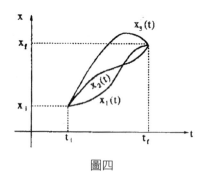

圖四

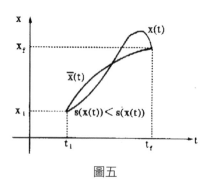

圖五

為一個點 x 無法經由 S（x(t)）對應到一實數，而必須有一整條路徑才可成立這對應關係，x(t)→S（x(t)）。不過我們仍然可以把S（x(t)）看成一個廣義的函數（泛函），而用類似微積分中求極值的辦法去求 x(t)，並證明它是牛頓方程式的解（對細節有興趣的讀者，可參閱任何一本理論力學教科書或是費曼非常有名的物理學演講《Feynman Lectures on Physics》中的第二冊十九章。）

　　從最小作用量原理的觀點來理解古典力學，我們得到的是一個與微分觀點截然不同的意象。我們並不是一小段一小段逐步地推算出物體的軌跡，而是將所有可能路徑拿來比較，找出給我們最小作用量的路徑。在某一些問題中，最小作用量原理其實比微分方程式更方便。

量子世界

　　古典力學的架構雖完備，卻不能適用於原子尺度大小的微觀世界。在那裡我們得改用量子力學的法則，而這些法則是我們完全無法從在古典力學裡所獲得的經驗去理解的。在古典物理中，我們可以同時測量在某一時刻物體的位置與速度（動量），所以可以得知往後物體運動的情形。但在量子世界裡，我們不能同時測知物體的位置與速度，所以無法完全掌握物體動向（即測不準原理）。也就

是說，我們得放棄「物體運動是循著某一特定路徑」這一概念。

　　若經由測量，我們得知某物體（例如電子）在 t_i 時刻位於 x_i 位置，我們並不能確知在 t_f 時刻（$t_f > t_i$），物體會在那裡。量子力學能夠告訴我們的是：如何計算物體在 t_f 時刻可能位於 x_f 的機率有多少。我們將這機率記作 P（$t_i x_i \to t_f x_f$）。要知道 P，得先計算一個叫作機率振幅（probability amplitude）的複數 $\langle t_f, x_f \mid t_i, x_i \rangle$（這記號是量子力學創造者之一狄拉克（Dirac）發明的）而機率 P 就等於

$$P（t_i x_i \to t_f x_f）= \mid \langle t_f, x_f \mid t_i, x_i \rangle \mid 2 \qquad （3）$$

　　因為機率振幅（由它可推導出許多讀者可能知道的「波函數」）本身是複數，不可能是一個可測量的物理量，所以它的物理意義一直為人爭論不休。在此筆者不談這一棘手的問題，我們要學的是費曼計算機率振幅的辦法。費曼給了以下一個算式：

$$\langle t_f, x_f \mid t_i, x_l \rangle = e^{i\frac{S(x_1)(t)}{\hbar}} + e^{i\frac{S(x_2)(t)}{\hbar}} + e^{i\frac{S(x_3)(t)}{\hbar}} + \cdots\cdots$$
$$= \sum_{\text{所有的路徑 } x(t)} e^{i\frac{S(x(t))}{\hbar}} \qquad （4）$$

　　方程式右邊的 S（$x(t)$）是路徑 $x(t)$ 的作用量，$\hbar$ 是普郎克常數除以 2π（嚴格講，必須在（4）式右邊乘上一個常數 A，A 可由機率守

恆的條件來決定）。也就是說，要得到機率振幅，我們需要計算所有從（t_i, x_i）時空點到（t_f, x_f）時空點可能的路徑（例如 $x_1(t), x_2(t),$ $x_3(t),$見圖四）所對應的作用量，然後計算 eis（x(t)），並將它們加起來。因此在量子力學中除了對應到最小作用量的古典路徑之外，其他在古典世界中不會出現的路徑，也有不可忽視的作用。

路徑積分

我們也可以把（4）式寫成積分的形式：

$$\langle t_f, x_f | t_i, x_i \rangle = \int [dx(t)] e^{i\frac{Sx(t)}{\hbar}} \qquad （5）$$

不過它的內涵和（4）式是完全一樣的。因為我們要將所有路徑的貢獻積（加）起來，方程式（5）的右邊就被稱為路徑積分。它最大的好處就是給機率振幅一個很圖像式的詮釋角度。讓我們比較可以從幾何的觀點而非純代數操作的角度來理解量子力學。

路徑積分另一個長處是：很容易看出在數學上量子力學是如何和古典力學連接起來。於古典物理中，是不扮演任何色的。所以如果在（5）式中讓 h 趨近於零，我們應該要看得出古典力學的架構。費曼指出當h→0 時，只有古典路徑對（5）式的積分有貢獻，其他非

古典路徑的貢獻互相抵消掉了。這一點曾讓費曼的指導教授惠勒（Wheeler，他在原子核及黑洞的研究領域，有傑出的成就）非常高興，因為它讓我們更明白量子力學是如何過渡到古典力學的。惠勒還特別跑去見愛因斯坦，希望費曼的新觀點能說服愛因斯坦接受量子力學。愛因斯坦抗拒量子力學的理由相當深奧，所以他還是未被惠勒轉化成量子力學的信仰者。不過惠勒如此積極的反應，可代表一般物理學者給路徑積分的評價。

目前費曼的路徑積分、海森堡的矩陣力學及薛丁格的波動力學，可說是量子力學理論三個最重要的數學表現形式。這些不同的形式都各有其優點。近年來，路徑積分在量子力學之外，也滲透進統計力學及數學中的幾何、拓撲等領域。數學家發現他們也得懂一點路徑積分才能閱讀最新的數學成果。一些數學家也努力於為路徑積分建立一嚴謹的數學基礎。我們可預見：在未來，路徑積分會是一更廣闊蓬勃的研究領域，這是其發明者在五十年前完全沒有想到的。

最後筆者必須說明，費曼發明路徑積分的靈感，來自狄拉克發表於 1933 年的一篇文章。狄拉克的文章提出一個問題：古典力學中很重要的作用量這個觀念是如何出現在量子力學中的？〔海森堡與薛丁格的理論只運用了古典力學中的漢密爾頓量（Hamiltonian）〕，而狄拉克自己也給了初步的答案。我們可以說路徑積分是兩位天才合力建造出的一個美妙理論。

附錄：漢密爾頓量

古典力學中的漢密爾頓量（Hamiltonian），一般記作 H，基本上就是能量。也就是 $H = (1／2) mV^2 + U(x)＝$動能＋位能

在本文中，我們介紹了作用量 S(x(t))〔見（2）式〕，S（x(t)）是函數

$$L = (1／2) mV^2 － U(x)＝動能－位能$$

於路徑 x(t) 上的積分值。L 被稱為拉格蘭其量（Lagrangian）。漢密爾頓（W. R. Hamilton,1805～1865）與拉格蘭其（J. L. Lagrange, 1736～1816）皆是於古典力學有重大貢獻的數學家。

在海森堡的矩陣力學中，漢密爾頓量 H 成為一個矩陣，而海森堡的力學方程式為：

$$iℏ∂ψ (t,x)／∂t = x(t)H－Hx(t)＝[x(t),H]$$

其中 x(t) 也是矩陣，代表物體的位置。

H 在薛丁格的波動力學中，變成一個數學算符（operator），它

可以作用在函數上。薛丁格有名的波動方程是：

$$i\hbar\partial\psi\,(t,x)\diagup\partial t = H\psi\,(t,x)$$

　　其中ψ（t,x）是波函數，代表物體出現在（t,x）時空點的機率密度。

（1995 年 3 月號）

時光隧道—蟲孔

◎─郭中一

任教於東吳大學物理系

近些年來，研究重力的理論物理學家，投入極大的心力，以此特例測試我們已知的物理法則的邏輯結構，特別是決定時空結構的相對論的適用性以及相對論和量子論的相容與否。

科幻到科學中的星際之旅

起因是天文學家沙根（C. Sagan）在著手撰寫一本科幻小說《接觸》（Contact）時，考慮到是否能以黑洞一類的時空結構做為書中星際旅行的橋樑，便向研究重力的加州理工學院的物理學家索恩（K. Thorne）詢問，是否可能以現知的物理定律在原則上建立可供星際旅行的時空結構（見圖一、二）。

索恩及門生莫理斯（M. S. Morris）和尤策佛（U. Yurtsever）著手研究，方法是逆向而行，先探求做星際之旅，所需的時空結構要求為何。所謂星際之旅，指的是在我們原有的時空之外，另開一個新

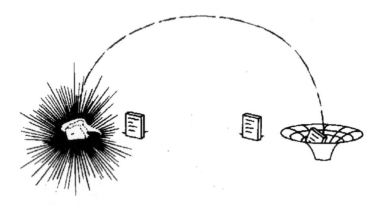

圖一：時空中的奇點，可能有兩種，一種是宇宙初始時的大霹靂（圖左），一種是重力崩潰所造成的黑洞（圖右）。

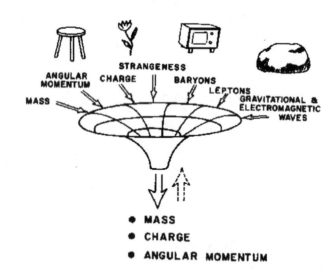

圖二：黑洞將吸引物質一視同仁，有入無出。但是無論原有物質帶有何種資訊，進入黑洞後，只有質量、電荷和角動量三者可知。黑洞因為有視界存在，所有指向未來的粒子路徑，都不可能越過，所以無法作為星際之旅或時間機之用。

的孔道，能夠在很短的時間內，達到原本空間距離很遠、旅行會耗時甚久的地方。假設有這種可供旅行的時空結構的存在，進一步再問如此的時空幾何需要何種的物質狀態才能產生。

所謂可供旅行的孔道，必須兩端開口都是穩定的，不會突然消失。孔道內部的時空，必須相對穩定，不會將旅遊者撕扯至危害生命的程度。旅行時間必須夠短，至少不能長過人的壽命。如此的孔道，才是我們所需要的，才是可用的星際旅行的橋樑。

索恩發現，黑洞具有所謂的事件視界（event horizon），它的功效就像是一個半透性的薄膜，只容許物體向黑洞內部掉落，而不容許物體向黑洞外部冒出。可供旅行的孔道必須是可供旅行的蟲孔（traversible wormhole）。蟲孔可以兩邊通透，在時空中恰如蠹蟲蛀蝕所造成的孔道一般。

索恩所設想的時光隧道，是所謂的羅倫茲蟲孔（Lorentzian worm-hole），兩端各是一黑洞，中間是由瓶頸狀的蟲孔相連。羅倫茲蟲孔不同於歐幾里德（Euclidean）蟲孔，後者是時間成為虛數的重力方程式的解，可視為產生出時空幾何的事件，並非穩定的時空幾何形態。對這兩個相連的黑洞，我們可指定一個時向，那麼在出口的黑洞，時序是逆轉的，因為是物質的出口，所以也可看做是白洞（white hole）。

蟲孔存在的可能性，最早是廣義相對論中的黑洞解發現不久之後就已清楚的。廣義相對論是愛因斯坦發明用以處理時空幾何的物理理論，在廣義相對論中，以彎曲的時空解釋重力現象，所以物體周圍的時空，會因物體質量的作用而彎曲。另一方面，物體受重力作用，可以解釋為在彎曲的時空中，物體沿距離最短的極端線（ge-odesic）前進。簡而言之，廣義相對論的內涵便是：「物質告訴時空如何彎曲，時空告訴物質如何運動。」

　　索恩的業師惠勒（J. Wheeler）所領導的普林斯敦學派所細心探究了蟲孔在時空基本結構上所扮演的角色。他們在考慮時空的量子效應時，設想由於時空幾何的量子起伏，巨觀上平滑的時空幾何，可能在微觀上有急遽的變化。恰如大海遠觀看似平靜無波，近看卻波濤洶湧，時起時伏。像這樣宛如海綿的微觀時空結構，稱為時空微沫（spacetime foam）（見圖三、圖四）。

　　如何由無蟲孔的時空產生出巨觀的蟲孔來，至目前尚未可知，也許我們可以由時空幾何的量子起伏所造出的時空微沫開始，將之以某種物理過程放大（例如宇宙的暴脹），成為巨觀的蟲孔。但是我們可以探究維繫巨觀的蟲孔，需要何種物理條件。

圖三：惠勒認為，在極小的時空尺度，量子效應顯著，時空的結構會劇烈起伏，成為所謂的「時空微沫」。

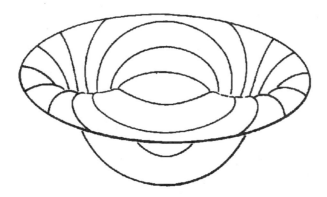

圖四：早期認為蟲孔可能可以提供統合物理的方法。惠勒稱之稱「幾何動力學」，希望完全用幾何方法處理所有的物理現象。蟲孔是一種幾何形態，但是將之用於電磁現象的解釋上，可以將蟲孔的兩端視為正負電荷，電力線的分布就必須遵循蟲孔幾何。如此並可以解釋電荷守恆的現象，因為蟲孔一定有兩個開口，正負電荷若產生或消滅，必須成對。

特異物質

　　要維繫可供旅行的蟲孔，必須有負能量密度的特異物質（exotic
matter），這種物質的壓力值為負，可以撐住蟲孔，使它不致閉合。
這種物質狀態，可以有幾種方式達到，其中可以運用量子場論中的
真空性質。量子場論中的真空定義是最低能量的物理狀態，而且真
空可以不只一個。我們將其中一個真空做為標準，令其能量密度為
零，則其他量子真空的能量密度便可能有負值產生。當然，選擇做
為標準的真空並不是隨意的。我們在此選擇做為標準的合理真空，
是空無一物的平直空間的物質狀態。

　　這種現象稱為喀斯米耳效應（Casimir effect），是 1948 年時由喀
斯米耳（H. B. G. Casimir）發現。原因在於以量子場的觀念來看，真
空並不是空無所有，而是所有可能的場分布的和，而所有這些場分
布總合的物理效應，和真空一致，如電荷為零、能量為零……等。

　　喀斯米耳舉了一個最簡單的例子，也就是比較空無一物的平直
空間和兩片平行的無限大理想導電板間的真空。在空無一物的平直
空間中，各種電磁場都有可能存在，空無一物的平直空間中的電磁
場真空就是這所有電磁場的和，它的能量密度為無限大，但是能量
密度是個可以調整零點的量，所以我們可以定義空無一物的平直空

間中的電磁場真空的能量密度為零。而對兩片平行的導電板間的電磁場，則須符合理想導電板上則電場為零的條件，否則不為零的電場必然引起理想導電板上的電流，此種電流會耗散掉相對應的場分布，使其無法存在。所以兩片平行的無限大理想導電板間的電磁場分布，只能是在兩片平行的導電板上為零的電磁場分布。這些電磁場分布的總和，便是兩片平行的導電板間的電磁場真空，它的能量密度和空無一物的平直空間中的電磁場真空的能量密度相比，差值為負數，意謂兩片平行的導電板間的電磁場真空的能量密度是負的（見圖五）。

如果喀斯米耳是對的，那麼兩片平行的導電板間應有吸引力，力的大小和兩片平行導電板間距離的六次方成反比。1985 年，美國麻州理工學院的史巴內（M. Y. Sparnaay）在實驗室中測到了這樣的吸引力，證實了喀斯米耳效應。

百年來的時光機夢想

索恩隨即發現，有了可供星際旅行的蟲孔之後，便不難在原理上建構出可供回到過去的時光機來。

設想蟲孔的兩端，原本處於相同的時間，我們將其中一端（如附圖中右端）以接近光速的高速拉到遠處，再拉回到原處。若加以

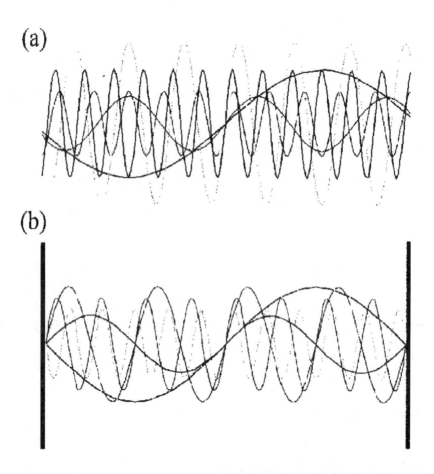

圖五：圖(a)中是空無一物的真空中，各種不同波長的場分量都有可能存在，總和恰等於真空值。例如其能量便定義為零，也就是說空無一物的真空能量取為能量零點，所有其他的場分布的能量都是與其他較而得。圖(b)中如果我們在真空中置入兩片平行導電板，在導電板上，只有振幅為零的場才能存在，基於此種考慮，此兩導電板間的空能量便是負值。

比較，可以發現，拉到遠處後再拉回到原處的蟲孔端，其時間過得較慢，因而在拉回到原處後蟲孔右端的時間較蟲孔左端的時間為早。也就是經由如此運動的蟲孔所作的星際旅行，由蟲孔左端旅行到的蟲孔右端後，我們可以回到過去。此種過程，近似狹義相對論中的雙生子佯謬（twins paradox）。雙生子佯謬中，我們將雙生子中其一以高速帶到遠處，再帶回到靜止於原地的另一雙生子身邊。結果因為以高速運動的雙生子之一的座標系內時間膨脹的效應，以高速運動的雙生子之一，年紀會較他的兄弟為輕。

先前蟲孔之外的時空，原有時序的先後，但是以蟲孔以適當的方式連接後，可以由未來的這部分時空區域，經由蟲孔，迅速地到達過去的這部分時空區域，在旅程上形成封閉的時性路徑（closed time-like path）。也就是沿此時空路徑，都是依著時序向未來前進，但是卻又回到過去。此處要求時性路徑，自然是因為所有的物質運動，都是連續，而且可以指定先後的（見圖七）。

這種狂想恰符正好一世紀前（1895 年）英國科幻小說大師威爾斯（H. G. Wells）的科幻小說《時光機》（Time Machine），但是探討它在科學中的可能性，這雖然不是第一次，卻較已往認真得多。

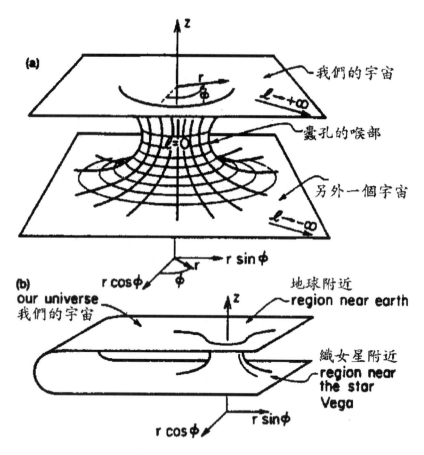

圖六：圖(a)中蟲孔兩端可連接不同的兩個宇宙。圖(b)中蟲孔兩端所連接的如果是同一個宇宙的遙遠兩端，則可作為星際之旅。例如其中一端在地球附近，他端在織女星附近，則可提供一個迅捷的星際便道。

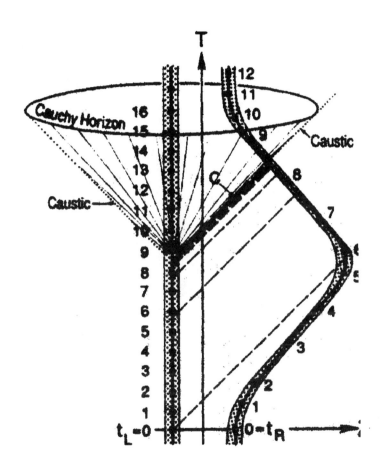

圖七：圖中我們將蟲孔的兩端在 t = 0 時併排。然後將右方的蟲孔口快速移動，造成狹義
相對論的時間膨脹效應，再將其帶回到另一蟲孔附近，如此兩端比較，便可以有時間先
後的極大差距。如此原本在時空中相近的兩點，就可以藉此方法造成在時序上的差異或
顛倒，也就是造出時空機來不成問題。

時序不可亂

索恩的提議問世後，自然眾說紛紜，英國劍橋大學的霍京（S. W. Hawking）便提出極為強烈的反對意見。以常識層次來說，如果有時光隧道存在，你可以設想自己回到過去，槍殺自己的母親。霍京嘲諷這種做法，不但不合倫理，也背反因果律（causality）。因為你若能槍殺生母，自然就不會有你存在的未來，回頭去執行此一冷血的謀殺。他因此提出一個時序保護的假說（chronology protection conjecture）：如果要將時性路徑彎曲到連接自身，在它閉合之前，便會產生時空奇點（space-time singularity）。在時空奇點處，時空曲率無限大，重力無限強，物質密度無限大，所有的物理定律都無法適用。也就是用來建構蟲孔的物理定律，在造出蟲孔之前便已失效。霍京在此之前並指出，蟲孔頸部的量子起伏可能甚大，大到足以摧毀蟲孔的時空結構。

索恩本身，對量子起伏有不同的估算，他認為造成蟲孔所需的物質量子起伏甚小，只會使時空略為波動，不致影響蟲孔的整體結構。兩人爭執不下，重力物理界也莫衷一是。但是因果律的背反問題，卻是亟須解決，無可逃避的。

除了由無到有，可能遭遇的物質的量子起伏外，相關的問題，

如維持蟲孔的特異物質所造成的量子起伏，及其相對應的時空幾何起伏，有許多間接證據顯示都可能甚大的情況之下，採用特異物質的必要性，也成為探討的課題之一。

逆倫血案和量子撞球

為徹底分析這一問題，索恩和門生設計出所謂的量子撞球（quantum billard balls）問題，藉以釐清思路。這一做法，可以取代前述的逆倫謀殺，比較不那麼血腥，也可以避免討論殺人犯的自由意志問題，完全限制在物理上是否可能的討論。

這項思想實驗（Gedanken experiment）的設計是如此的：我們將一撞球置於蟲孔的入口，而將出口對準撞球本身。那麼撞球經由蟲孔出來後，會在先前的自己進入蟲孔前，便將它撞偏，於是進不了蟲孔，與原先的設定產生了因果上的矛盾。這是先前逆倫血案的簡化版本，保留了所有物理本質，去除了血腥的枝節。

實驗的結果有兩種可能：一是撞球自蟲孔出來後，怎麼也對不準先前的撞球，因而違反了因果律（因為我們原本假設撞球會進入蟲孔）；一是撞球自蟲孔出來後，的確會將先前處於蟲孔口的自身撞偏，因而保存了因果律。後面這種保存因果律的可能性，在逆倫血案的例子中，就好比這個逆子，雖然能夠回到過去，但在弒母

時，不是總忘了帶槍，就是子彈老是卡膛，再不然就是槍子兒必定跑偏。但是要如何以已知的物理規律，完成這一思想實驗，並判斷其可行與否，卻是大費周章的事。

最近俄國物理學家諾維可夫（l. Novikov）終於完成這項思想實驗的設計。他早在 1989 年，便指出這種實驗須要一個判準的原理，經過數年努力，終於了解這項原理便是最小作用量原理（least action principle）。

最小作用量原理起自費瑪原理（Fermat's principle），在力學中，它指的是粒子的運動路徑，或是一個物理體系的運動狀態所依循的路徑，一定是使作用量為最小的路徑。也就是最後採行的路徑，其作用量值，一定比所有其他路徑的作用量值為小。對力學系統而言，作用量就是動能和勢能之差對時間的積分。對光學系統而言，可以說是最小時間原理（least time principle）。也就是光線行走的路徑，必然是費時最少的路徑。光線在空中是直進的；或是由空氣中射入水中，入射角和偏折角的關係；或是光線射在鏡面上，入射角等於反射角，都可以由此原理導出（見圖八）。

諾維可夫計算各種撞球路徑所對應的作用量值，加以比較，結果發現，先前撞球不會被撞偏的路徑作用量最小，也就是會發生的物理事件，並不會違反因果律。此外，許多其他的物理學家也發

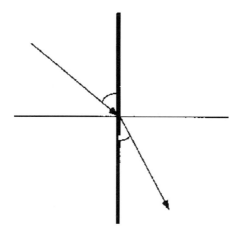

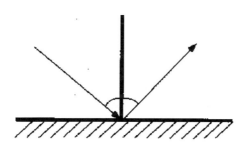

圖八：圖(a)中折射角與介質的關係，可以表為 Snell 定律：$n_1 \sin \theta_1 = n_2 \sin \theta_2$，
圖(b)中鏡面造成的反射，入射角等於反射角。兩者都可以由光程的最小作
用量原理－或特稱 Fermat 定律導出。諾維可夫就是利用相同的原理，證明
蟲孔的存在並不背反因果律。

現，有可能將維持蟲孔所需的特異物質，代之以其他較為平常的物質，更減少了一重困難與疑慮。

　　因此，在原則上，時光隧道存在的可能性已大幅提高。但是，實際上建構一個可供星際旅行的蟲孔或是以蟲孔做成的時光隧道，則顯非本世紀內所能完成的。

（1996 年 2 月號）

碎形
——大自然的幾何學

◎—潘濤　譯

職於江西省南昌市醫學院物理教研室

科 學與幾何學總是攜手並進的。克卜勒在十七世紀發現行星繞太陽運行的軌道，可用橢圓表示。這促使牛頓解釋這些橢圓軌道為萬有引力定律的結果。類似的情況是，理想單擺的往復運動由正弦波表示。簡單的動力學往往與簡單的幾何形狀相關。這樣的數學圖形表明物體形式與作用其上的力之間是一種平滑的關係。在行星和擺的例子裡，它還暗示物理學是決定論的（deterministic），即你可根據這些系統的過去預言其未來。

碎形幾何學的誕生

　　然而，兩個新近的進展已經深刻地影響了幾何學與物理學的關係。第一個來自這樣的認識：大自然到處都是某種叫做決定論混沌

（deterministic chaos）的東西。宇宙中有許多貌似簡單的物理系統，遵守決定論定律，而其行為卻無法預言。受兩個力作用的擺就是例子。既確定又不可預測的運動概念出乎大多數人的意料。

第二個進展來自尋求以數學描述某些極不規則、錯綜複雜現象的努力。這些現象舉目皆是：山川、雲彩的形狀、星系在宇宙中的分布，以及金融市場價格的起伏情況等等。得到數學描述的一條途徑是建立「模型」。也就是說，我（即原作者孟戴布洛特）必須創造或發現數學規則，以產生某部分實體——山或雲的照片、高空星體圖或者報紙金融版的圖表——的「機械贋品」。

誠然，伽利略曾聲稱「自然的大書是用數學語言寫的」，並指出「其標誌是三角形、圓形和其他幾何圖形，沒有它們，我們就像在黑暗的迷宮中徒勞往返」。不過，這種歐幾里得圖形已證明無論在模擬決定論混沌抑或不規則系統方面均無能為力。這些現象需要的是與三角形和圓形大不相同的幾何結構。它們需要非歐幾里得結構——特別是稱作碎形幾何學的一種新幾何學。

我於 1975 年從拉丁文 fractus（它形容破碎的、不規則的石頭）新創「碎形」一詞。碎形是極不規則的幾何形態，恰與歐幾里得幾何形態相反。首先，碎形處處不規則。其次，碎形在所有尺度上都具有相同的不規則度。近觀或遠視一個碎形體時，看上去似乎別無

二致——它是自相似的。而當你由遠及近時，將發現整體的一小部分（它從一定距離看上去是不成形的斑點），變成輪廓分明的物體（其形態大致為以前看到的整體的形態）。

碎形的實例

大自然展示了眾多的碎形實例，如蕨類植物、花椰菜及其他許多植物都是碎形，因為每一分枝和枝條都酷似整體。這種小尺度特徵轉化為大尺度特徵，乃是生長規則所控制的。碎形作品方面的一個著名數學模型，是席爾賓斯基墊片（Sierpinski gasket [1]）。作一黑三角形（見圖一），等分為四個小三角形（如圖所示），去掉中心的第四個三角形，留下一個白三角形。每個新黑三角形邊長均為原三角形的一半。對每個新三角形重複這一操作，在遞減的尺度上你得到相同的結構，其細部較前一步倍加精緻。當物體的部分與整體完全相似時，稱該物體為「線性自相似」（linerly self-similar）。

但是，最重要的碎形卻有別於線性自相似性。有的碎形描述一般的無規性（randomness），有的則能刻劃混沌的或非線性的系統（影響系統行為方面的因素與它們產生的效果不成正比）。下面我

---

1. 席爾賓斯基（W. Sierpinski, 1882〜1969 年）為波蘭數學家。

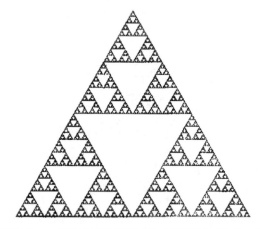

圖一：席爾賓斯基墊片——分割三角形為漸次小的小角形從而產生的一個簡單碎形。

們各舉一例。

　　自 1975 年起，我便和同事一道用電腦作圖法來創造無規碎形，其中以海岸線、山川及雲彩的仿造最為著稱。其他的例子是電影〔如「星際旅行」（之二）〕製作的布景。我們從一些民俗格言和許多博物學著手進行有關碎形的模擬工作。有句格言說：「雲彩不是球面，山峰不是錐體，海岸線不是圓周，樹皮亦不光滑，閃電並

非直線行進。」所有這些自然結構都具有自相似的不規則形態。換句話說，我們發現逐次放大整體的一部分所呈現的進一步結構，幾乎就是原結構的翻版。

維數概念隨尺度而變化

博物學不外是收集自然界結構並加以分門別類。例如，當你不斷提高測量一個國家海岸線的精度時，你必須把長度方面漸小的不規則性都考慮進去，所以海岸線變得愈來愈長。理查森[2]發現了描述這種增長的一個經驗定律。

正如歐幾里得幾何學使用角度、長度、面積或曲率概念以及一維、二維或三維概念一樣，為了把握碎形幾何學的意義，我們必須尋求用數表示形態和複雜性的途徑。就複雜幾何體而言，通常的維數概念隨尺度而變化。譬如，取一個用 1 毫米的細絲繞成直徑為 10 厘米的球。從遠處看，球為一點。從 10 厘米處看，絲球是三維的。在 10 毫米處，它為一團一維的細絲。在 0.1 毫米處，各細絲變成圓柱，整個絲球又成了三維幾何體。在 0.01 毫米處，各圓柱分解為纖維，球再次變成一維的。如此等等，維數從一個值再三「跨越」到

---

2. 理查森（L. F. Richardson, 1881～1953 年）為英國物理學家和心理學家。

另一個值。當球被表示為有限數量原子樣的微粒時，它又變成零維的。對碎形來說，對應於我們熟悉的維數（0,1,2,3）的，叫「碎形維數」，其數值往往不是整數。

最簡單的碎維變量是相似維 Ds。對於點、線、面或體，Ds 僅僅分別給出描述該物體所需的普通維數——0,1,2,3。那麼，線性自相似的碎形曲線是怎麼回事？這樣的曲線可以分布在近乎光滑的、一維的線和幾近充滿的平面之間，即該線迂迴彎轉到幾乎遍及該平面某區域每一角落的程度，差點達到二維，則相應的 Ds 值便有 $1 \leq Ds \leq 2$。因此，可認為 Ds 刻劃了這條曲線的複雜性。亦即我們說 Ds 量度了碎形形態的複雜性或粗糙度。

簡單碎維的另一例子是質量維。一維直棒的質量正比於長度 2R。（半徑為 R 的）二維圓盤的質量正比於圓面積 πR^2。球體的質量正比於體積 $4\pi R^3 / 3$。故隨著維數的逐步增加，質量正比於升高的 R 冪次（即維數）。

在碎形情形中，質量與 R 的 Dm 次方成正比，Dm 不是整數。可見 Dm 與往常維數扮演的是同樣的角色，故自然而然命名為碎形維數。好在 Ds 和 Dm（以及別的碎維定義）在所有簡單情況下，數值完全相同。

許多數學性質都呈自相似性

　　模擬工作的下一步是設想最簡單的幾何構型，它應具備生成該結構的恰當性質。實際上，我已搜集（並且不斷擴充）一個大工具箱，用來建構碎形幾何學。為了檢驗那種數學工具合適，我們把模型的數值特性與實物——例如山的碎維——加以比較。然而這還不夠。我們又用電腦繪圖術來測試現有工具的性能。最後，我們希望由山嶺的碎形模擬產生一個能描繪地球地勢起伏的理論。

　　碎形既然已經確證可用於描述複雜的自然形態，所以在刻劃複雜動力學系統性態方面碎形亦有作用就不足為奇。模擬流體渦流、天氣或蟲口（insect populations）動力學的方程都是非線性方程，表現出典型的決定論混沌行為。如果我們迭代（iterate）這些方程——求它們隨時間演化的解——我們發現許多數學性質（尤其是如電腦繪圖術顯示的那樣）都呈「自相似」。1989年司徒華（I. Stewart）的

3. 即"Portraits of chaos", New Scientist, 4Nov. 1989。斯氏為英國當代著名數學家、數學科普作家，著述甚豐。
4. 孟戴布洛特（1924～　）係 IBM 湯姆斯華生研究中心物理學家兼耶魯大學數學家。他創立了碎形幾何學，並在發展這門學科中扮演重要的角色。著有《大自然的碎形幾何學》等書。

文章[3]中介紹奇怪吸引子的「相圖」（phase portraits）就是例證。

　　我對非線性碎形這一領域最有名的貢獻被命名為「孟戴布洛特集」（Mandelbrot set [4]）。該集合由迭代比較簡單的方程而形成。它產生異乎尋常、富蘊複雜性的圖案。有人說它是非線性碎形幾何學的象徵。

　　孟戴布洛特集不光產生美侖美奐的圖像。如果我們非常謹慎分析這許多圖像，我們將發現無數數學猜想。其中許多已經導致才華橫溢的定理和證明。它還激起了利用電腦螢幕對數學進行一種全新探索。為數學新發現提供了不竭的泉源。

　　數學猜想一般發源於眾人悉知的定理。近十年來，物理學或圖形學對數學沒有點滴輸入，這說明某些純數學領域如迭代理論（theory of iteration，如孟戴布洛特集）氣數將盡。幸好電腦上作出的碎形圖像使之重現生機。交談式影像為數學新發現提供了不竭的泉源。研究孟戴布洛特集引出了許多表述簡潔而難以證明的猜想。研究這些猜想已產生一大批有意義的相關成果。

　　當然，許多相近的碎形產生優美、動人的圖案。現今以碎形著

---

5. 法圖（P. Fatou, 1878～1929 年）為法國數學家。
6. 朱里亞（G. M. Julia, 1893～1978 年）為法國數學家。

稱的若干圖形固然是前些年發現的。有些數學實體在陸續從
1875～1925 年代裡就出現在法國數學家如彭卡瑞、法圖[5]和朱里亞[6]
的研究中。但是沒有人認識到它們作為形象化描述工具的重要性及
其與現實世界物理學的關係。

樹枝般令人目眩的複雜形態

　　隨機碎形描述現實世界的一個模型，是一種叫做「擴散置限聚

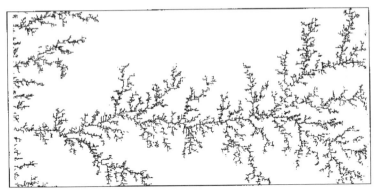

圖二：一種叫做擴散置限聚集的隨機碎形，產生模擬閃電和其他自然現象的樹枝樣形態。

集」（diffusion limited aggregation; DLA）的隨機生長形式（見圖二）。
這使我們得出樹枝般令人目眩的複雜形態。DLA 可用來模擬粉塵形
成、岩石滲水、固體裂紋擴展和閃電等現象。

要看看 DLA 是怎麼回事，取一很大的西洋棋盤，在中心部位放上「王后」（它不允許移動）。在棋盤邊緣一隨意起點放上「卒」（它允許在棋盤四個方向中的一個上移動），指令要求「卒」隨機行走（即醉漢行走）。每一步的方向均從四個相等的概率作出選擇。當「卒」到達原初「王后」的相鄰位置時，就搖身一變為新「王后」，不再移動。最終長成一個枝節錯落、蛛網似的「王后」集，通稱「威特恩桑德 DLA 集團」（Witten Sander DLA cluster）。

大規模的電腦模擬出人意料地證明，DLA 集團是碎形（它們近乎自相似）。小塊簡直就是大塊的縮影。但是集團與隨機線性自相似性不一樣，相信將來它們會引出有趣的課題。

這種碎形生長成的特別之處在於，它非常清晰地表明，變化平滑的參數如何產生粗糙的性態。為了說明這一點，我們根據靜電勢（electrostatic potential）理論來重述原初構造。設想一個大箱子（以製作 DLA）被加上正電勢，靶體（即原初「王后」）置於中央且電勢為零。問箱子中其他地方的電勢值是多少？

在中心物體的輪廓為光滑曲線或者有少量曲折（如三角形或正方形）的情況下，科學家久已知道如何計算電勢。這種經典解析運算確定等勢線。所有這些曲線都是光滑的，它們提供了固定的箱子與中心處固定物體的邊界之間的漸變。下一步，假定邊界含有針狀

凸出。圍繞針凸的等勢線很密，電勢降較大，引起放電：針凸的作用好比避雷針。當中心物體是 DLA 集團時，其邊界布滿針凸，放電多半發生在最暴露的那些針凸上。

這樣得到一個重要的新結果：DLA 機制等於假設針凸受電擊以後展延或分叉。DLA 實驗使我們認識到，當我們讓邊界隨電勢而變時，集團將生長成一個相當大的 DLA 結構。這意味著我們可以從產生等勢線的方程那平滑特性創生粗糙的碎形。因此在這個意義上說，碎形幾何學提出了新問題，開闢了新的研究領域。

渦流、生命和宇宙

碎形幾何學同樣正用於描述大自然中其他許多複雜現象。最多產的領域之一是渦動（turbulence motion）研究，不但研究它怎樣發生——其動力學特性表示為相圖時是碎形——而且研究渦流結構的複雜形態。結果船跡、噴泉和雲彩證明都是碎形。這必定是由於流體運動方程——納維－斯托克斯方程[7]——的作用所致。然而，與產生它的動力學特性有關的形態問題仍有待闡明。揭示這一關係將是研

---

7. 納維（C. L. M. H. Navier, 1785～1836 年）為法國力學家和數學家；斯托克斯（G. G. Stokes, 1819～1903 年）為英國數學家和物理學家。

究渦流的重要一步。

　　碎形為之提供適當描述的另一個領域是整個生命和宇宙，儘管碎形描述在極小和極大尺度上均告失敗。樹或動脈並非無止境地分枝下去，而且整棵樹不是超樹的組成部分。反之就宇宙中的星系分布而言，倒可能成立。星系計數確鑿無疑地證明，在相當小的尺度上該分布是碎形。已知這些小尺度至少達十五至三十兆光年。有愈來愈可靠的證據表明，存在著尺寸遠在三百兆光年以上的大空洞，正如碎形所預期的。

令人感受數學之美

　　碎形到底有多重要？就如混沌理論一樣，肯定的回答為時尚早，但前景是美好的。許多碎形已產生不容忽視的文化影響，作為一種新型藝術作品已受到認同。有的作品是表現式的，有的則純屬虛構和抽象作品。無論數學家還是藝術家看到這種文化交融，都必定驚心動魄。

　　對於外行來說，碎形藝術就像魔術。但沒有一個數學家會不去嘗試了解其結構和意義。多數這些方程被視為純粹數學，而對現實世界沒有任何作用，其實具有尚未被揭示的可觀性。如上所述，碎形的許多最顯著、最活躍的應用在物理學領域，幫助解決了一些互

古常新的難題。

　　碎形圖案一個令人欣慰的附帶作用，是它們對青年人的吸引力，並且正在恢復人們對科學的興趣而發揮影響力。人們相信，孟戴布洛特集和其他碎形圖案（目前出現在 T 恤衫和海報之上），將有助於使青年人感受到數學之美和說服力，以及它與現實世界的深刻關係。

（本文譯自 B. Mandelbrot, "Fractals-a geometry of nature", New Scientist, 15 September 1990.）

（1994 年 3 月號）

夸克發跡
——1990 年諾貝爾物理獎

◎─劉源俊

任教於東吳大學物理系;《科學月刊》社務委員

今年(1990)的諾貝爾物理獎發給了美國麻省理工學院(MIT)的佛雷德曼(J. Friedman)、肯達爾(H. Kendall)及史丹福線型加速器中心(SLAC)的泰勒(R. Taylor)三人,因為他們三人於1967～1973 年間,在史丹福線型加速器中心所領導的一連串實驗,顯示質子是由更基本,叫做夸克的點狀粒子所組成。諾貝爾委員會特別提到他們「使我們對物質的了解有所突破」。

他們三人及合作者在 1969 年 8 月間,連投了兩篇論文到《物理評論通訊》(Physical Review Letters),描述實驗結果符合標肯(J. D. Bjorken)的理論預測。論文之一的標題是:「高度非彈性電子－質子散射所觀察到的行為」,這一研究領域後來稱為「深層非彈性散射」。二十一年前,他們的年齡分別是三十九歲、四十二歲及三十九

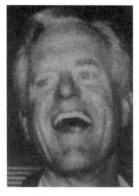

圖一：左起為佛雷德曼、肯達爾、泰勒

歲。夸克模型是在 1964 年首先為葛爾曼（M. GellMann）及慈懷格（G. Zweig）所提出，葛爾曼並早於 1969 年為此得到諾貝爾物理獎。

　　從物理發展史看，他們三人的實驗（以下簡稱 SLAC-MIT 實驗）其實可以和 1911 年拉塞福的 α 粒子散射相題並論。當時拉塞福用 α 粒子束對（金）原子作彈性散射，結果發現原子中心有個質量集中的帶電的「核」；他們三人則利用高能量的電子束對氫原子核（質子）或氣原子核（包含質子及中子）作非彈性散射，結果發現，必須把質子或中子視為由更小的點狀粒子所組成。所不同者：拉塞福當年自己做實驗，自己又提出理論模型；而他們三位及合作者是利用史丹福加速器做實驗，至於理論模型則應歸功於標肯及費因曼（R. Feynman）。這顯示，物理的發展已從當年的單打獨鬥，改

變為今日分工合作的型態。

電子的大角度非彈性散射

說到 SLAC-MIT 的實驗,現在當然大家已公認其重要性,但在起初則曾被認為是在浪費加速器時間。當史丹福線型加速器於 1966 年落成之初,這三公里長的電子加速器主要是用來研究電子與質子的彈性散射;換句話說,多數人只測量被質子彈出的電子。三位諾貝爾獎得主所測量的則是打出來的其他種粒子。早先一般認為,非彈性散射所打出來的各式各樣東西太複雜了,恐怕並不能對質子的結構有所澄清。

這三位物理學家自 1967 年開始,在加速器末端的「A 站」裝置了偵測器。把能量高達二百二十億電子伏特(22 GeV)的電子束,射到液態氫的「靶」上,測量電子被質子所散射出來的新粒子(主要是派子)。

稍早的一些彈性散射實驗顯示,質子的電荷是散布在一大約直徑 10~15 米的面積上,而大家相信高能量的電子只會生小幅度的偏折。

當時雖然已有夸克模型,認為質子是由三個夸克組成的,但是物理界普遍相信,那只是一種數學結構,未必有實質意義。然而到了 1968 年,佛雷德曼等三位物理學家獲得了令人驚詫的發現,因為

實驗顯示，高能電子竟然很容易在質子內部發生大角度的偏折。顯然，質子裡有些質量密集的東西在。

這使我們不禁回憶到，在拉塞福做 α 粒子散射實驗之前，人們也是把原子想像為正電荷散布在一大約直徑 10^{-10} 米的面積上的東西，而其中嵌以電子；這樣一種東西面對 α 粒子是應該不會造成大角度散射的。然而拉塞福很驚異地發現，有許多 α 粒子竟然反向彈回，這當然表示原子裡有質量密集的結構。

圖二：史丹福加速器中心末端的 A 站。

標肯的先見，費因曼的洞察

如何理解新的電子非彈性散射的結果呢？早在 1967 年，史丹福大學的理論物理學家標肯教授，就提出一個有關電子－質子高能散射的「截面」的公式，其中包括一個重要觀念，叫做「可換標性」（scaling）。這意思是說，若把電子能量的改變量叫做 ν，把電子的「能量－動量四維向量」的改變量的大小平方，叫做 q^2（與橫向動量改變有關），則當ν與 q^2都很大時，質子的「結構函數」應該只與ν與 q^2比值（ν/q^2）有關。這裡的「標」即是「尺度」之意。用簡單一點的話來說：當能量增大，電子對質子的非彈性散射裡，橫向動量的改變也趨於增加，大角度散射就多了起來。

SLAC-MIT 實驗顯示，標肯的可換標性理論基本上是對的。然而他的理論牽涉到極抽象的「流量代數」（current algebra），泰勒就說「我們不懂」。1968 年夏天，著名物理學家費因曼（R. P. Feynman, 1918～1988 年）造訪史丹福大學，得知了他們的實驗結果，實驗者希望他能給出一個更直覺的解釋。

費因曼思考了一個晚上，提出了「部分子模型」（parton model）來對標肯可換標性作一詮釋。他的大意是將質子看成是由許多小的點狀粒子的組合，高能電子對質子的散射因而可視為其與帶電的

圖三：費因曼於 1968 年 8 月第一次在 SLAC 解釋部分子模型的情景。

「部分子」的彈性碰撞。在點粒子對點粒子的彈性碰撞中，v與 q^2是相關的。

　　費因曼經過一簡單的計算，就得到 $q^2/v = 2Mx$。其中 M 是質子的質重；而x是與電子碰撞的部分子，在質子內所帶動量與質子整體動量的比值。他並以此為起點，推導出標肯的可換標性。

　　後人進一步研究，發現費因曼的部分子其實就是葛爾曼 1964 年所提出的夸克。首先，根據SLAC-MIT實驗，部分子是帶1／2單位自旋的費米子（fermion），這點與夸克相符。後來，在其他的實驗室裡，微中子對質子的散射也顯示相似的結果。又後，在比較SLAC的實驗及其他在歐洲原子核研究中心（CERN）和費米實驗室（Fermi-lab）等的實驗後，物理學家能測量出部分子所帶的電荷，與夸克相同（±e／3 或±2e／3）。

　　但費因曼的部分子模型實際上超越了葛爾曼的夸克模型。在葛爾曼的夸克模型裡，質子只是三個夸克（u、u、d）構成；在部分子模型裡，質子是由三個實質夸克（physical quarks）與無數個作為「海」的虛夸克（virtual quarks）所構成。至於為何夸克在強交互作用之下，在質子裡能表現出不受縛的現象（因而有彈性碰撞）呢？後來人們在量子色動力學（QCD）中發現「漸近不受縛性」（as-ymptotic freedom），可說明這點（註：2004 的諾貝爾獎頒給了這一

理論）；就是說，在質子尺度以下的小距離內，夸克趨於不受縛（但若要將夸克從質子取出，則受到強力束縛而不行，因而我們不能發現單獨存在的夸克）。

SLAC-MIT 的實驗使物理學界不再將夸克視為完全抽象的粒子，而有了具體的想法，這也就促進了後來一連串的實驗與理論的進展。如今粒子物理學裡有所謂「標準模型」，認為我們的大千世界其實是由六種「夸克」與六種「輕子」所構成，其間的交互作用則有三類「規範場粒子」作為媒介。

有了機器才有實驗！

這次得獎的三位物理學家都不約而同的歸功於潘諾夫斯基（W. K. H. Panofsky），因為他是史丹福線型加速器的建造人，也是當時的負責人。SLAC-MIT 的實驗之所以在 1968 年受到物理學界的重視，也是由於潘諾夫斯基在維也納一場國際會議上，指出了電子散射結果的重要性。

泰勒說：「他是我的老師與指導人，他是個絕對超級的物理學家。可惜他們不給他諾貝爾獎——他創造了個真正偉大的實驗機器。」

但是潘諾夫斯基卻謙虛地表示：「泰勒等三位真是該得到諾貝爾獎。機器對他們的工作自然是必要的，但是這一機器並沒被設計

來預期產生那些結果。」

　　目前，肯達爾與佛雷德曼兩人，仍然在加速器中心合作設計一個粒子偵測器，準備將來裝置在美國德州的超導超級碰撞器上（註：已停建）。至於泰勒，他目前在德國的漢堡，用一個新的加速器從事電子束與質子束碰撞的實驗。

　　迄今，最重要的有關粒子物理的實驗發現，都已得到諾貝爾獎了。得獎有遲速的差別：例如丁肇中及芮克特在發現 J/ψ粒子的第二年就得獎；盧比亞與范德密爾在發現 W 及 Z 粒子不久後便得獎；但兩年前雷德曼等人因發現第二種微中子得獎，距離實驗發表的那年有二十六年之久；今年三位物理學家得獎，也距離實驗發表有二十一年之久。下一次輪到高能物理學家得獎，必是由於發現「頂夸克」或電弱交互作用的希格斯粒子了。

〔本文參考《New York Times》、《Nature》、《New Scientist》有關報導，以及高涌泉的〈1990 年諾貝爾物理獎介紹〉（刊中華民國物理學會出的《物理》，79 年 12 月）。〕

（1990 年 12 月號）

相對論的先驅之一
——麥克森

◎—陳志忠

任職於中山科學研究院應用力學中心氣動力實驗室

對於相對論、近代物理學、天文物理學、光譜學及光學實驗技術等學術領域而言，麥克森（A. A. Michelson）都可說是一位劃時代的大師。

1852 年 12 月 19 日，麥克森出生於波蘭華沙東方約 250 公里的小鎮史翠諾（Strzelno）。他的父親是一位猶太商人，母親是一個政治家的女兒。當麥克森三歲時，他的雙親決定移民美國。1855 年底全家渡海抵達紐約，再橫越北美大陸定居於西海岸加州的小城莫菲（Murphys）鎮。稍長，麥克森先後畢業於舊金山的林肯初中及青年高中（Boy's High School）等學校。

1869 年，麥克森進入馬利蘭州安那波利斯的海軍學院（Naval Academy）就讀。1873 年，畢業後進入海軍，先後在五艘不同的軍

艦服役。1875 年，回海軍學院擔任物理及化學講師。他在當學生的時候就對光學及聲學表現相當高的才華；擔任教席後集中心力開始進行光速和以太測定實驗。

1880～1882 年，麥克森到歐洲當時全世界的物理學中心，先後與著名的科學家共同研究，如柏林大學的赫姆霍茲（Helmhotz, 1880），海德堡大學的本生及昆克（Bunsen & Quincke, 1881），巴黎的柯努及李普曼（Cornu & Lipmann, 1882）等。後來他們彼此都成為終生的好朋友。

1882 年，麥克森應聘到俄亥俄州克利夫蘭的凱斯（Case）應用科學學院，成為該院物理教授。1892 年，應聘於芝加哥大學，直到 1931 年 5 月 9 日逝世前為止，他一直都是該校物理系的教授。他的貢獻可概括為光速的測定、以太的測定及其他諸如制訂國際標準米等。

光速的精密測定對於相對論的建立十分重要

1877 年，麥克森開始做光速測定實驗。在此之前，最精密的光速量測值是 1862 年法國物理學家福柯（J. L. Foucault）的每秒 298,000±500 公里。福柯的實驗裝置如圖一，光線由 S 光源出發，經旋轉平面鏡 M_1 反射，到凹面鏡 M_2 再循原路反射回來。因 M_1 在旋轉，所以反射回來的光線經 M_2 再反射一次，並不回到 S，而跑到另一

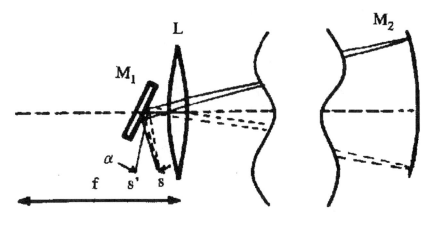

圖一：福柯的光速測定實驗

方向 S'，二者之夾角為α。得知α、M_1之轉速及 M_1與 M_2二鏡間之距離（基準線），就可計算得到光速。

　　麥克森將福柯的實驗稍做改進如圖二，把凹面鏡 M_2改為平面鏡；把凸透鏡 L 之焦距加長，並把 M_1放在 L 之焦點附近，可得到近似平行的折射光線；取代福柯實驗中 M_1比較靠近 L 而得到稍微發散的不平行光。如此基準線就可以加長而提高實驗數據的準確度。1879 年，麥克森使用焦距為 46 米的凸透鏡及 610 米的基準線，量測得到的光速是每秒 299,910±50 公里。在 1877～1879 年間，麥克森實驗的地點位於海軍學院內沿著 Severn 河的舊河堤邊。由於地理變

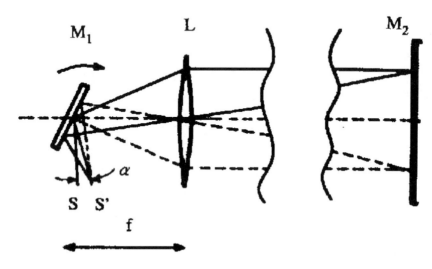

圖二：麥克森的光速測定實驗

遷，如今該河堤距河岸已很遠。

　　麥克森到聖路易，在美國科學促進會（AAAS）發表實驗成果，並刊登論文於《American Journal of Science》期刊上。一夕之間，年輕的麥克森名躍世界頂尖實驗科學家的行列。著名天文學家紐康布（S. Newcomb），當時擔任華盛頓美國海軍天文台航海年鑑局局長，立刻邀請他合作繼續進行光速測定實驗，因紐康布作光速測定實驗也已有一段時間。麥克森於是有較充裕的經費並獲得可互相切磋的同好。他們二人的旋轉平面鏡實驗地點，從今天的藝術表演廳

甘迺迪中心的樓上，可以看得一清二楚：旋轉平面鏡是位在舊海軍醫院，光線由該處出發射向固定平面鏡。他們使用過二條不同的基準線以固定平面鏡的位置：一為位在其東南方的華盛頓紀念碑，另一為在其西南方的 Fort Meyer。

1880 年起他和凱斯學院的艾森曼（J. M. Eisenmann）教授，也是該校建築及土木系系主任，一同改進旋轉平面鏡的光速測定實驗。實驗地點是在凱斯學院校園後面沿著舊 Nickel Plate 鐵路軌道，在當時很平直適於當作實驗基準線。他們測得光速每秒為 299,853±60 公里。此紀錄保持了四十多年，直到 1926 年。

他在凱斯學院也量測在流動的水中及在二硫化碳中的光速〔1886 年與莫萊（Morley）合作〕，實驗結果支持了光的波動理論、芮里（Rayleigh）所提關於波動與散射介質中之群速（group velocity）關係的理論及佛雷奈爾（Fresnel）的以太理論。

從 1925～1927 年，他到加州的威爾遜山天文台，以從威爾遜山到聖安東尼歐山山頂的距離（35.4 公里）為基準線，測得更準確的光速每秒 299,796±4 公里。之後，在聖塔安那的 Irvine 山莊作實驗，以抽成低真空的管子當光路測光速。但由於健康退化，一直到他逝世為止，這實驗尚未作完。

麥克森幾乎耗盡一生心血不斷改進光速測定實驗，實驗總次數

累計超過一千七百次。附表列出他的幾次最重要的實驗結果，並與福柯實驗等人作比較。

　　光速的精密測定對於相對論的建立十分重要，因為狹義相對論的一項基本假設是：在真空中傳遞之光速，是自然界一個不變的常數，與任何坐標系統本身的直線運動速度無關。

果真有以太這種物質嗎？

　　1880 年左右，麥克森發明干涉儀〔後來公稱為麥克森干涉儀（見圖三）〕。他利用干涉儀精密的測距能力，設計實驗，試圖解開當時物理學界正在爭論不休的「以太」（ether）是否存在的問題。依照以太理論，光是一種波動，波動之傳遞需要介質，以太這一假想物質就是光的介質。凡是光可通行無阻之處，包括真空及任何透明物質（透明及半透明的氣體、液體及固體）在內，都應充滿以太。但是問題來了：若依波動理論來計算，由於光速很大，以太的彈性係數必須大得超乎想像。果真有「以太」這種物質嗎？

　　1880 年，他在柏林大學赫姆霍茲的實驗室內，根據史密特（Schmidt）及赫恩詩（Haensch）的設備加以改進，進行首次實驗。但由於地面振動影響，實驗結果並不可信。同一年又到波茨坦天文台做實驗，也沒有得到滿意的結果。

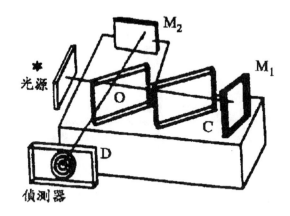

C:補償鏡片

O:分光鏡片

圖三：麥克森干涉儀

　　1887 年麥克森在凱斯學院與化學教授莫萊（E. W. Morley）一同進行以太飄移（ether drift）實驗，這就是著名的麥克森－莫萊實驗（見圖四）。假設以太存在並靜止不動，而地球在靜止的以太中運動。則當干涉儀的兩臂長度 L1、L2 相等，光線行經兩臂的時間會因地球公轉速度（V）而有差異。將干涉儀旋轉 90°，則兩臂位置對調，干涉條紋也會跟著變動。如圖五所示，實驗設施安置在大石塊上，為了避震，讓石塊浮在大水銀槽上面（見圖五）。再讓光線作多次反射，使兩臂長度都是 11 米（在歐洲的實驗，長度是 1 米）。

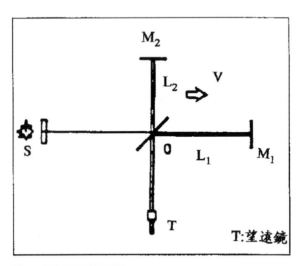

圖四：以太飄移實驗原理

他們預估干涉條紋變動約 0.4 條，應很容易觀測到。他們在一年之內的不同季節、日期及時辰分別觀測，結果除了很小的實驗誤差之外，並未測到預期的條紋變動。以太理論於是開始遭受質疑。他們及其他許多人後來以更精密的儀器反覆實驗，結果也都相似。1900年，莫萊與米勒（D. C. Miller）裝設更大的干涉儀，預估干涉條紋變動約 2 條，但實驗量測值不及預估值的 1／80。

　　1892 年到芝加哥大學後，他繼續探討以太存在的另一個問題：假設以太存在及假設以太靜止不動，但地球會攜帶以太一起運動。則地球運動的影響對以太的牽引（drag）效應，是否隨著海拔愈高而

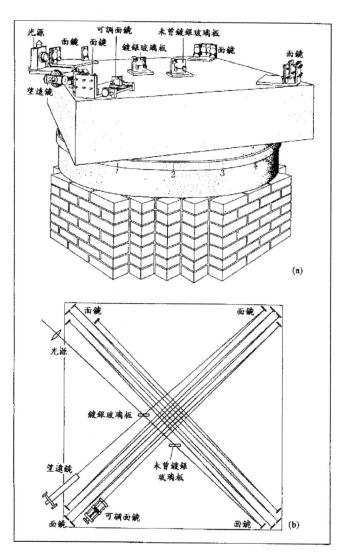

圖五：以太測定的裝置：(a)安置實驗設施的石塊浮在大水銀槽上；(b)使光線作多次反射以增大兩臂之長度。

影響愈小？

　　他於是在 Ryerson 實驗室造了一座長 60 米、高 15 米的大型干涉儀。為考慮地球自轉及公轉運動速度的影響，實驗安排連續觀測五天，每天在不同時辰觀測四次。他預測一天內干涉條紋變動大於 7 條。實驗值卻不到 1／20 條。

　　1923～1925 年，著名的麥克森－格爾－皮爾遜（Michelson-Gale-Pearson）實驗在芝加哥西南方的 Clearing 草原上進行，使用長 613 米、寬 339 米的大型干涉儀，光的通路為直徑 30 厘米、抽成半真空的管子。預測地球運動的影響會造成 0.23 條干涉條紋變動。實驗量測值亦接近 0.23 條，與佛雷奈爾的靜止以太理論預測值相符，但也與狹義相對論及廣義相對論的預測值相符，故此實驗無法為以太是否存在下結論。

　　1926 年，麥克森及米勒在加州威爾遜山天文台，先後又裝設兩部大型干涉儀，再作以太飄移實驗；因該處海拔很高，預想地球運動的影響可減到最小。結果量測值不及預估值的 1／50，仍找不到以太存在的證據。

　　以太測定實驗與光速測定實驗一樣，幾乎陪著麥克森度過一生。

　　以太不存在的實驗結果，證明光的傳遞不需要介質。此結論也成為相對論的重要基石之一。

其他主要貢獻

麥克森利用干涉儀等儀器，先後完成許多其他重要的貢獻如下：

1889 年之後數年間，麥克森在克拉克大學以及隨後被邀請到法國巴黎附近 Severes 的度量衡標準局，利用干涉儀進行國際標準米之標準化。1893 年他選擇鎘蒸汽之紅色光譜線的波長（在 15℃，一大氣壓之下波長為 6438.4nm），來重新制訂國際標準米。由於鎘光譜線之時間同調性（temporal coherence）不高，無法將干涉儀的一個平面鏡平移達一米作測定，更無法將干涉條紋之變動計數至一百多萬條；但精密度要求卻很高，量測工作困難之至。但他設計、製作出特殊的光學精密長度規（Etalon），與干涉儀併用，使干涉條紋變動只需數至 2000 條，簡化量測手續而解決了問題。（到 1960 年改用氪之橘紅色光譜線波長當國際標準米的標準。）

他利用干涉儀來改進光譜儀，再利用光譜儀發現並測定原子及分子光譜中的精密結構及超精密結構，對光譜學、量子力學、原子及分子物理學等有深遠的影響。

利用光譜線的時間同調性及楊氏（Young）干涉實驗原理，他發明天體干涉儀，可以測恆星直徑。1920 年 12 月，他使用口徑超過 6 米的大型天文望遠鏡，首次測得獵人星座中第二亮的紅巨星參宿四

的直徑為 320,000,000 公里（相當於火星的公轉直徑）。天體干涉儀當然也可以測宇宙遠方銀河系的直徑，更可以測大星團內之恆星的直徑。對天文學及天文物理學有很深遠的影響。

　　他在芝加哥大學，花了十五年工夫去設計並改進繞射光柵的刻畫製作技術，於 1915 年製作出條紋密度達每毫米 585 條之繞射光柵，為當時的最高紀錄。他也深入研究光的繞射理論，將這些研究列入 1927 年出版的《光學研究》（Studies in Optics）一書中。

　　此外，他做過光的繞射實驗。其中一項是關於長方形狹縫的合成全像片法：製作了一塊對應於長方形狹縫所產生的繞射圖案的相位板（phase plate）或全像片（hologram），它是一片對應繞射圖案（為一連串寬度不相等的長方圖形系列）的蝕刻板，各長方圖形分別引入半波長之相位差，則此全像片的繞射圖案十分近似於原來的長方形。所以，麥克森也是現代全像光學技術的先鋒之一。

麥克森的實驗為狹義相對論做了鋪路工作

　　麥克森一生得過不少獎譽，其中之最高殊榮當推 1907 年的諾貝爾物理獎，是第一位得到此獎的美國人。但得獎理由主要是因國際標準米的制訂，而不是光速測定或以太飄移實驗。瑞典皇家科學院給他的得獎評語是：他對光學儀器、光譜學及精密測距等的研究貢

獻卓越。

雷射發明之後，1964 年，Jaseja 等人利用二支紅外線雷射為光源，使二者疊加產生拍頻（beat）來作以太飄移實驗。結果在儀器精密度達 1/1000 以內，依然測不到預估之頻移值。再一次證實以太不存在的觀點。

物理學發展到十九世紀末，尤其在 1865 年馬克士威提出著名的電磁方程式後，大家普遍很樂觀，認為基本原則性的理論都已解決，以後只需在細節上修正和補充並改進實驗技術，以提高實驗數據的準確度即可。但在麥克森等人一連串實驗的面前，以牛頓力學及電磁理論為支柱的古典物理學，卻面臨嚴重的考驗與挑戰。

麥克森曾對理論物理極感興趣。他與勞倫茲（Lorentz）、費次吉拉德（Fitzgerald）、拉莫爾（Larmor）、彭卡瑞（Poincar'e）等物理大師們，在理論方面有過長期的討論，但在 1903 年之後就失去興趣，轉而專注於實驗。他的貢獻，大大超越實驗的範疇，對於勞倫茲等人以及明可夫斯基（Minkovski）、愛因斯坦等人理論物理的推展具有絕對重要的影響，終於使得愛因斯坦於 1905 年提出狹義相對論及 1916 年提出廣義相對論和重力時空理論。

他是愛因斯坦最崇敬的實驗科學家。但他對愛因斯坦的觀點卻似乎一直不以為然。在 1931 年麥克森逝世之前不久，他們二人終於

見面並成為好朋友。雖然愛因斯坦對他一直推崇備至，但麥克森卻仍在嘀咕怎麼他的實驗竟會和相對論這一「怪物」的誕生扯上關係而引以為憾！

　　1931 年，愛因斯坦說：麥克森的實驗為狹義相對論的發展做了鋪路工作。缺乏實驗證據，理論只算是臆想；有了實驗證據，相對論才擁有堅實的根基。

【注釋】

1.今日公認光速為每秒 299,792.4562 公里。

2.O. C. Roemer（1644～1710）由木星的衛星 Io 被木星遮掩週期的變化來推算光速。

3.J. Bradley（1693～1762）利用天文望遠鏡觀測恆星的視差法來推算光速。

4.1931 年麥克森逝世後，由 Pease 及 Pearson 繼續進行實驗。

（1993 年 5 月號）

參考資料

1. Shankland, R. S. 1973, "Michelson's role in the development of relativity", Applied Optics, 12（10）:2280~2287.
2. Kolodziejczyk, A. and M. Sypek, 1989, "A. A. Michelson——life and achievements", SPIE Interferometry'89, 1121:655~659.
3. Sears, F. W., 1948, Optics，3rd Edition，MIT Press.
4. Meyer-Arendt, J. R., 1984, Introduction to Classical and Modern Optics, 2nd Edition，Prentice-Hall Inc.
5. Jaseja, T. S. et al., 1964, Phys. Rev., 133:A1221.

附表：重要的光速推算及測定值

完成者	時　間 （西元年）	地　點	基準線 長　度	在真空中之光速 （公里每秒）	與公認光速之 差（公里每 秒）[1]
Ròemer	1676	丹麥	(2)	214,000	-85,792
Fizeau	1849	法國	8.6 公里	315,300±500	+15,208
Bradley	1728	英國牛津大學	(3)	303,000±5,000	+3,208
福柯 （Focault）	1862	法國	20 米	298,000±500	-1,972
麥克森 （Michelson） 等　人	1877～1878	美國海軍學院	152 米	300,140±460	+348
	1879	美國海軍學院	610 米	299,910±50	+118
	1882	凱斯學院	610 米	299,853±60	+61
	1926	加州威爾遜山	35.4 公里	299,796±4	+4
	1929～1935[4]	加州聖塔安那 check 山莊	1.6 公里	299,774±11	-18
Anderson	1937～1941	美國哈佛大學	299,776±10		-16

(1)今日公認光速為每秒 299,792,4562 公里。
(2)O.C.Roemer（1644～1710 年）由木星的衛星 Io 被木星遮掩週期的變化來推算光速。
(3)J. Bradlery（1693～1762 年）利用天文望遠鏡觀測恆星的視差法來推算光速。
(4)1931 年麥克森逝世後，由 Pease 及 Pearson 繼續進行實驗。

電子發現一百週年

◎—倪簡白

任教於中央大學物理系與化學系

1997 年是電子發現一百年，這百年間由電子的發現到其應用，標誌著一個新的時代的展開。由湯姆生（J. J. Thomson, 1856～1940）的工作所引起的革命，不僅改變了科學家對微觀世界的認識，它也促進了一個新的工業與文明的開展，使現代人無時不受電子技術的影響與支配。但一百多年前電子的發現卻是非常曲折離奇：這何處不在的微小粒子當初也是很難捕捉的，它曾從好幾個世界頂尖實驗物理學家的手中溜走，只有湯姆生這位「不擅用手」的實驗家向世人揭露它的真面目。本文即想介紹當年電子發現的一段故事。

湯姆生的身世

湯姆生（圖一）於 1856 年生於英國曼徹斯特附近一小城「奇善」（Cheetham）。家庭小康，父親是一書商，家庭背景與科學沒什麼太大關連。幼年時，湯姆生的父母親希望他成為工程師，在那時代（英維多利亞時代），對一個還算聰明的小孩是一項不錯的職

圖一：湯姆生在 1992 年時的畫像。據湯姆生回憶錄，這是他當年要
去耶魯大學講學上船前四十五分鐘完成的（通常要好幾週），但這
是湯姆生最喜歡的畫像。

業，所以童年時，父母即將他送往一火車廠當學徒，但是由於申請人眾多，必須等很久，所以就暫時送他去歐文斯學院就讀，此時他年十四歲。歐文斯學院其實是一所大學，在 1880 年後就成為曼徹斯特大學了，在這所學校也有一些名師，例如雷諾（Reynolds，流體力學家）、舒斯特（Schuster）、波印亭（Poynting，物理學家）。在當時，像湯姆生這麼小就入學的例子算是很少的，他接受了此地良好的訓練，也努力學習，為將來的物理生涯奠定了基礎。

　　不幸湯姆生的父親在他十六歲時去世。雖然湯姆生獲得了工程學的證書，但他此時無法付得起去火車廠當學徒的學費，只得轉修物理與數學。他因此向劍橋三一學院申請獎學金，第一次申請並未獲准，但第二年他終於得到了一份每年七十五英磅的獎學金，在 1876 年他進入劍橋開始新鮮人的生涯。

劍橋的日子

　　一百年前劍橋的教育甚為偏重數學，學制中有一為期三年的優等生制度，在此制度下的學生，畢業前要通過一場極艱難的考試。湯姆生進入劍橋後即選擇此榮譽制度，為三年後一場大考而努力。對湯姆生而言，這個考試是一非常艱困而不安的經驗。

　　一般學生除花三年來準備考試外，尚須找一位名師來特別指

點。湯姆生的老師魯斯（Routh），在物理數學界頗有名氣。他一生教出二十七名狀元，而且有二十四年連續是他學生得到的。魯斯向每一學生收三十六英磅，這對湯姆生是一大負擔，但他還是認為值得。湯姆生在 1880 年的為期九天的考試中榮獲第二。第一名的拉莫（Larmor）後來在劍橋擔任數學講座教授，曾因電子在磁場中運動理論而成名。湯姆生的優異成績對他在劍橋的生涯很有幫助，他畢業時即提出研究能量轉換的計畫，且申請到一份獎學金。當時焦耳（J.P.Joulez, 1819～1889）已提出熱功當量原理，以及能量守恆的觀念。當湯姆生幼年時，曾由他父親引見，而認識焦耳。由於他優良的數學底子，在第一份研究計畫中，湯姆生利用力學的觀點去解釋各種能量的形式。

此時在法國的勒沙特列（H. L. Le Chatelier, 1850～1936）也正進行相同的工作。現在我們所熟知的勒沙特列原理，說系統在平衡狀態下的改變是朝著減少此改變方向進行。二人的結果其實是幾乎同時發表的，但湯姆生的成果並未受到重視。

此時在劍橋人們習慣以 J. J.來稱呼湯姆生。他的實驗其實做的並不出色，但是他有一種能力使他並不須要親自動手就能了解複雜儀器的工作原理，這使許多實驗家印象深刻。

劍橋在 1871 年時設立了卡文迪西實驗室（Cavendish Laboratory,

可參閱《科學月刊》二十八卷第九期），也因此有了一位實驗物理教授。第一任卡文迪西教授是馬克斯威爾（J.C.Maxwell）。那時在卡文迪西進行的實驗包括精密測定歐姆定律、驗證電荷間的吸引力與距離平方成反比關係、雙軸晶粒的光學、光譜學等研究。馬克斯威爾在 1879 年突然過世，由瑞利公爵（Lord Rayleigh，本名 John Strutt）擔任第二任教授。但瑞利對這一職位並不在意，五年後他就辭去了教授職位。出乎大家意料之外，J. J.被選為第三任卡文迪西教授，此時，他年方二十八歲，以他優異的數學著稱。當時有好幾位比他年長而實驗做得更好的學者，他之所以被選為教授只能說劍橋大學有知人之明，能洞燭機先了。

電子的發現

1895 年劍橋大學採行了一個開放的政策，允許他校及外國學生來此攻讀學位。隨之而來的優秀學生有郎之萬（Langevin，法國）、拉瑟福（Rutherford，紐西蘭）、湯森（Townsend，愛爾蘭）等人，另外還有各地來的訪問學者。湯姆生此時開始對氣體導電進行研究。更早克魯克斯、法拉第已經對此問題進行了相當深入的研究。當時已知當玻璃管加上電極並抽成真空時，氣體即開始發光（圖二）。在電極間存在不同顏色的發光區域如圖二所示，當壓力再下

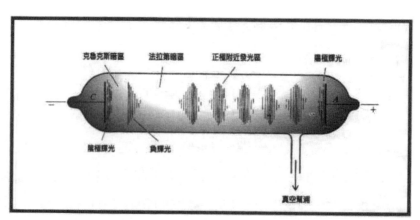

圖二：放電管中各類輝光現象。

降時，可以發現陰極射出一種射線使鈉玻璃發出綠光。克魯克斯（Crookes）、勒納（P.Leorard）等人還證明在管中放入不同的礦物或玻璃受陰極射線照射下會發出不同的光，他們又在管中放入一支十字架，而後面玻璃的螢光就會出現十字架的陰影，可見陰極射線是被阻擋住了。

對於這種自陰極射出的東西，當時有二種看法。一種認為它是以太（ether）的波動，另一派的人則認為它是粒子。赫茲（Hertz）是當時德國最有名的物理家，他更早（1883）曾進行一系列實驗以測試陰極射線是否被電場偏轉，他的結果顯示陰極射線不被電板偏

轉，因此德國的物理學家比較支持以太波的說法。有一發現似乎支持粒子說，那就是前述玻璃螢光會被磁場偏轉，但是這也可由帶有偏振性的以太波動來說明。

此時一個著名的實驗是勒納做的。他用 1/1000 英吋左右的鋁薄片封住放電管的一端，並發現陰極射線可射出放電管外到空氣之中，而且可以在管外被磁場偏轉。勒納發現射線的偏轉與管內氣體種類及壓力無關。他又繼續測量射線在管外的穿透率，在空氣中約半公分左右。但空氣分子在一大氣壓只能行進約 10-5cm（平均自由路徑），這顯示陰極射線如果是粒子的話，必定比空氣分子小很多。

佩蘭（Jean Perrin）於 1895 年時進行更進一步的實驗。他在放電管內放入一小金屬桶，而陰極射線能使它帶負電；當外加磁場使陰極射線偏轉時，金屬桶就不帶電了。這實驗支持粒子的說法，但當時總是沒人看到射線在電場下的偏轉。其中有一原因是放電甚難控制，因此粒子說並未得到廣泛的支持。

1895 年時，另一重要的發現是倫琴的 X 射線。湯姆生很快地複製了一臺 X 光機器，他也發現 X 射線能游離氣體，使氣體放電實驗易於控制。利用 X 光，湯姆生對陰極射線的性質歸納出一些結論：X 光能製造出一種帶電粒子使氣體導電。湯姆生在回憶中提起，X 射

線使氣體成為「氣態電解液」。而對液態電解的研究，在那時已知道它是帶電的氫離子造成，當時對氫離子的電荷與質量比（e/m）已可量出。但是由於認為原子是物質的最基本結構，比原子更小的粒子的存在是不被接受的。

湯姆生繼續從事赫茲的實驗，在一開始也是沒有突破，射線不受電場所影響。但他很快了解到放電管中殘餘氣體可能是問題的來源。當射線通過時，氣體被游離成正負離子，它們分別被電板吸引。而正負離子此時造成的電場屏蔽了電板的電場，因此陰極射線感受不到任何電力。為了解決困難，必須要設法達到高真空，而那時的真空技術尚處於萌芽階段。湯姆生也了解管壁和金屬表面的吸附氣體會在放電中釋放出來；但是如果不裝入新鮮氣體，而又日以繼夜地抽氣與放電，是可以去除這些殘餘氣體的。於是陰極射線被電板偏向的實驗終於獲得成功，證明它可被磁場偏轉也被電場偏轉。確定了它是負電粒子後，下一步便是要進行 e/m 之測量。

當時有一些卓越的實驗家已知陰極射線的 e/m 值比電解液中值小很多。但是如果光用磁場偏轉，就只能量到 e/mv，其中 v 為速度，大部分實驗家無法定出 v（速度），因此 e/m 就包含了一個不定量。但如果放電管中同時加人垂直的電場與磁場（如圖三所示），電場將射線偏上而磁場偏下。當它們互相抵消而使電子無偏轉時，

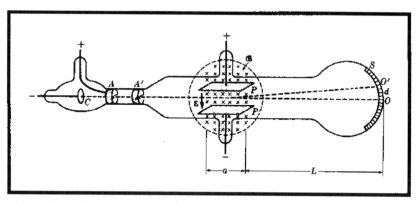

圖三：湯姆生測量 e／m 之裝置。圖中 ε 為電場，B 為磁場，當只有電場存在時，射線偏轉到 O'。再加上磁場，調節其強度以平衡電力，使射線抵達 O，此時射線速度 v ＝ E／B。

電子的速度 v 即可定出（等於 E／B）。此時若將磁場關掉，電子軌道將偏離。量出此距離，就得到了 e／m 了。

　　湯姆生對各種不同氣體的放電管進行實驗——包括空氣、氫、二氧化碳等，發現 e／m 值多在 0.7×10^{11} 庫倫／公斤（現在的值是 1.76×10^{11}），而射線的速度從 $10^5 \sim 10^7$ 公尺／秒。在電解液中氫離子的 e／m 值為 108，和湯姆生所得的陰極射線 e／m 值的 0.7×10^{11} 差一千倍。這些實驗證明陰極射線不是原子或分子的負離子，而是比它們質量更小的粒子。湯姆生於 1897 年 4 月 30 日宣布這些微粒的存在，陰極射線粒子很快的被稱為電子。接著他又對光電效應的電子進行測量，發現它們也有相同的 e／m 值，湯姆生因此證明它們是同

一種物質。他在 1906 年獲諾貝爾獎。

　　隨後的工作是測量電荷值 e，這些實驗也在卡文迪西實驗室展開。這方面威爾遜（C.T.R.Wilson）製造了雲霧室，觀察電子可使潮濕的空氣凝結成水滴（類似雨的形成），並觀測水滴的運動。湯森利用史托克斯（Stokes）黏滯流體的理論以及所觀測水滴在雲中（人造的）的下降速度推出電荷之值，更精確的值要待美國的密立根才決定。但是電子做為一種基本粒子，而且可自原子再分出來的概念，深遠的影響近代物理的發展。1910 年湯姆生提出原子模型。在此模型中（即所熟知的葡萄乾麵包模型）原子是由電子按特定方式排在帶正電的球中。當時不知道有原子核，原子核的觀念要再等一、二年後拉瑟福的α粒子散射（1909）及波爾的理論（1913）出現後才奠定下來。

　　對於電子的研究在二十世紀初期比較重要的是證明電子波動的性質。也是在卡文迪西實驗室，J. J.的兒子（G. P. Thomsom）於 1927到 1928 年間將電子穿射金屬薄膜，測到繞射花紋。同時，在美國也有戴維生（C. J. Davisson）及葛墨（L. H. Germa），在貝爾電話公司實驗室利用鎳單晶也得到電子的繞射花紋。這二個實驗與德布洛依（de Broglie）物質波的理論吻合，並在 1937 年獲諾貝爾獎。人們因此說 J. J.的獲獎是證明電子是粒子，而他的兒子獲獎是證明電子是波。

後續的工作

　　湯姆生擔任卡文迪西教授及所長直到 1919 年，劍橋在這一段日子又做出許多傑出的研究成果，湯姆生此時對研究陽極射線感興趣。顧名思義這是帶正電的離子，這項工作由阿斯通（Aston）接手過來，阿斯通發明了質譜儀，而用它找到許多原子的同位素，在 1922 年獲得諾貝爾化學獎。威爾遜（也是他的學生）在 1927 年因雲霧室得諾貝爾物理獎（與康普頓同時）。湯姆生的學生中至少有七人曾獲諾貝爾獎，在他擔任所長兼教授的二十多年間，卡文迪西實驗成為世上頂尖的物理研究中心，在近代物理的發展史上具有著舉足輕重的地位。

　　雖然湯姆生在物理上的成就很大，但他卻是一平實而且不矯揉造作的人。他愛護學生，在劍橋三一學院擔任監護與導師之職，直到他逝世為止（1940）。他的私生活甚為平淡，除了工作外，他喜愛園藝。留有子女各一，兒子（G. P. Thomson）前已述及，也成為一代物理學家。

（1997 年 12 月號）

參考資料

1. Griffith, I.W., J.J. Thomson-the Centecnary of his discovery of the electron and his invention of mass spectrometory, Rapid Comm. in Mass Spect. vol. 11,2-16,1997.
2. Squires, G., J.J. Thomson at the discovery of the electron, Physis World, April, 1997.
3. 沈慧伶、郭奕君，《電子的發現者：湯姆生》，凡異出版社。

X 射線的發現
——談科學家追根究柢的精神

◎—郭奕玲、沈慧君

任教於北京清華大學物理系

約在一世紀前，有一樣轟動世界、影響世人甚深的新發現，那就是倫琴所發現並解釋的 X 射線。每一件重大發現事件，其背後無非是隱藏著科學家追根究柢的無限偉大精神。

X 射線的簡介

X 射線，也叫倫琴射線，平常稱「愛克斯光」，是一種波長很短的電磁波，它有廣泛的用途。大家最熟悉的就是用於人體透視，在科學研究中，則可用於金屬探測、晶體結構分析等等。X 射線可用高速電子束轟擊陰極射線管而獲得，它能穿透紙張、木材甚至金屬薄片，使螢光物質發光，照像乳膠感光，也能使氣體電離。

X 射線的發現經過

1901 年，首屆諾貝爾物理獎授予德國物理學家倫琴（W. K. Röntgen, 1845～1923），以表彰他在 1895 年發現了 X 射線。

1895 年，物理學有了相當的發展，它的幾個主要部門——牛頓力學、熱力學和分子運動論、電磁學和光學，都已經建立了完整的理論，在應用上也取得了碩大成果。這時物理學家普遍認為，物理學已經發展到頂點，以後的任務無非是在細節上作些補充和修正而已，沒有太多的事好做了。

正由於 X 射線的發現，才喚醒了沉睡的物理學界。它像一聲春雷，引發了一系列後來的重大發現，把人們的注意力引向更深入、更廣闊的天地，從而揭開了現代物理學革命的序幕。

倫琴在發現 X 射線時，已經是五十歲的人了。當時他已擔任維爾茨堡（Würzburg）大學校長和該校物理研究所所長，是一位造詣很深，有豐碩研究成果的物理學教授。在這之前，他已經發表了四十八篇科學論文，其中包括熱電、壓電、電解質的電磁現象（由此發現了倫琴電流）、介電常數、物性學以及晶體方面的研究。他治學嚴謹、觀察細緻、實驗技巧熟練，實驗過程親自操作，甚少假他人之手。作結論時謹慎周密，特別是他的正直、謙遜的態度，專心

致志於科學工作的精神，深受同行和學生們的敬佩。

關於倫琴發現 X 射線的經過，他本人很少談論，在去世前他又囑咐家人將自己的手稿和信件全部燒毀，所以詳情無從查考。這裡有一段 1896 年初某記者的訪問，大致如下：

記者在參觀後，問倫琴：「教授，請給我講講發現的歷史，好嗎？」

「沒有什麼歷史。」他說道，「我對真空管產生陰極射線的問題有興趣。我就照著赫茲（H. Hertz）和勒納德（P. Lenard）以及其他人的研究去做，並決定只要有時間就來做點自己的研究。這一次是在 10 月末，我做了好幾天後，發現了新的現象。」

「那是什麼日子？」記者問。

「11 月 8 日。」

「發現了什麼？」

「我正在用包著黑紙板的克魯克斯管做實驗，在那裡有一張亞鉑氰化鋇紙放在凳子上，我給管子通電流時，注意到有一條特殊的螢光出現在紙上。」

「那是什麼？」記者追問。

「一般說來，這個現象只能靠光線傳播才能產生，而光線不能從管子出來，因為屏蔽得非常嚴實，任何已知的光都是透不過的，

即使電弧產生的光也是如此。」

「而您怎樣想的呢？」

「我不想，而是研究。」倫琴回答說：「我假設這一效應必須是來自管內，因為它的特性說明它不可能來自任何別的地方，我進行了試驗，幾分鐘後就確定無疑了。射線來自管子，對紙產生螢光效應。我試試拉開距離，越來越遠，直至2米。初步看來它是一種看不見的光，這確是某種新的、未曾記錄過的事物。」

「它是光嗎？」

「不！」

「它是電嗎？」

「和已知的任何形式都不同。」

「那究竟是什麼呢？」

「我不知道。」倫琴繼續說，「既然發現了一種新射線的存在，我就開始探討它的行為。不久試驗顯示，射線的穿透力高到從未知曉的程度，它可以很容易地穿透紙、木和布，這些物質的厚薄在一定的限度內並不產生可以覺察的區別。射線也可以穿透所有試過的金屬，大致說來，其穿透程度隨金屬密度改變，這些現象我已在交給維爾茨堡學會的報告中仔細討論過了，您可以從那裡找到所有的實驗結果。由於射線有極大的穿透力，很自然它也能穿透肌

肉，這是我給您看的那張手的照片。」

「將來會是怎樣呢？」

「我不是預言家，我反對作任何預言，我正在進行研究，當結果得到證實時，我將立即公諸於世。」

當記者還要問倫琴許多稀奇古怪的問題時，倫琴把手伸向記者，說：「對不起！我還有很多事情要做，我忙得很。」說著，眼睛已經移向他正在從事的實驗工作了。

偶然寓於必然之中

對於倫琴來說，他當然沒有料到在重複陰極射線實驗時，會發現一種新的性質特殊的射線，但是他的發現並不是因為交上了好運，而是由於幾十年的精心實踐，培養了良好的觀察和判斷能力。抓住了機會，就不輕易放過，務必研究得水落石出，所以，偶然的機遇獲得了必然的成果。

倫琴在上一段提到的那張手掌照片，是第一張拍自人體的 X 射線照片，拍的是他夫人的手。1895 年 12 月 22 日，這時他已一個人在實驗室裡工作六個星期了。他意識到新現象的重要性，需盡快求證這一新射線的存在以及它的各種性質，在沒有得證之前，最好不要聲張。他怕萬一搞錯，聲張出去，就會造成不可彌補的損失，所以

他連自己的夫人和兩名助手都隱瞞著。當時工作條件非常困難，特別是射線管都要抽成真空，需要耗費大量時間，如果實驗中斷，真空度降低，一切就得從頭開始。為了便於連續工作，倫琴索性就吃、住在實驗室裡，直到 12 月 22 日，他才將詳情告訴夫人，並拉著夫人來到實驗室為她拍下了第一張人手照片。

在研究陰極射線的過程中，發現 X 射線有一定的必然性。因為 X 射線實質上就是波長極短（約 $1\sim10\text{Å}$）的電磁波，陰極射線既然是由高速電子流組成，這些電子打到電極上，與電極裡的原子相撞後，速度驟減而必然會輻射這種電磁波（連續譜）；在此同時，原子的內層電子也會被激發，躍遷到高能階，空出的低能階將由外層電子填補，於是也會輻射這種電磁波（標識譜），所以 X 射線可以說是陰極射線的伴生物。這些道理，倫琴在一開始並不了解，限於當時的條件，他沒有可能弄清楚 X 射線的本質。要知道，在倫琴發現 X 射線的年代，電子還未發現，陰極射線的本質還沒有搞清楚呢！正是因為這個緣故，倫琴把這種新發現的未知射線取名為 X 射線。

既然 X 射線是陰極射線的伴生物，早在發現陰極射線的十九世紀六十年代，甚至更早，人們就應該在研究陰極射線的過程中發現 X 射線了。確實有許多人錯過了這種機會。

幸運之神會選誰？

1880 年，德國物理學家哥爾茨坦（E. Goldstein）在研究陰極射線時，就注意到該陰極射線管壁上會發出一種特殊的輻射，使管內的螢光屏發光。當時他正在為陰極射線是「以太波動」這個錯誤論點辯護，他寫道：「把螢光屏這樣放到管子內部，即不讓陰極發出的射線直接照射，但這射線沖擊到的壁上所發出的輻射卻可直接照射到，於是螢光屏就受到了激發，這個事實確實證明了以太理論。」

由於哥爾茨坦一心要證明陰極射線的以太說，他認為螢光屏發出這樣一種特殊的螢光，正是以太說的一個證據。他到此也就心滿意足了，沒有想進一步追查根源，當然也就錯過了發現 X 射線的機會。

這篇論文用德文和英文同時發表，當時關心陰極射線本質這一重大爭論的物理學家們想必都會讀到。然而，令人深思的是，十五年過去了，竟沒有人問一問螢光屏為什麼在遮去陰極射線後還會發光。

在 1895 年前的許多年裡，很多人就已經知道照相底片不能存放在陰極射線裝置旁邊，否則有可能變黑。例如，英國牛津有一位物

理學家叫史密斯（F. Smith），他發現保存在盒中的底片變黑了，這個盒子就擱在克魯克斯放電管附近。但他只是叫助手把底片放到別的地方保存，而沒有認真追究原因。

1887年（早於倫琴發現 X 射線八年），克魯克斯也曾發現過類似現象，他把變黑的底片退還廠家，認為是底片品質有問題。

1890年2月22日，美國賓州大學的古茨彼德（A. W. Goodspeed）有過同樣遭遇。他和朋友金寧斯（W. N. Jennings）拍攝電火花和電刷放電以後，沒有及時整理現場，桌上雜亂地放著感過光的底片盒和其他一些用具。這時古茨彼德拿出一些克魯克斯管給友人看，並向他作了表演，第二天金寧斯把底片沖洗出來，發現非常奇怪的現象：兩只圓盤疊在火花軌跡之上。沒有人能夠解釋這個奇怪的效應，底片就跟其他廢片一起放到一邊，被人遺忘了。六年後，當倫琴宣布發現 X 射線後，古茨彼德想起了這件事，把那張底片找了出來，他把桌上的儀器按原樣裝置，結果得到了同樣的照片。 1896 年 2 月 22 日，古茨彼德在賓州大學作了一次關於倫琴射線的演講，在結束時講到他當初實驗的故事，說道：

> 「我們不能要求倫琴讓出陰極射線的發現權，因為沒有作出發現之前，我們能提出的頂多就是：各位，請您們記住六年前的這

一天，世界上第一張用陰極射線得到的圖片就是在賓州大學物理實驗室得到的。」

還有一些人更接近於 X 射線的發現，例如：湯姆生在 1894 年測陰極射線速度時，就有觀察到 X 射線的記錄。他沒有工夫專注於這一偶然現象，但在論文中如實地作了報導。他寫道：「我察覺到在放電管幾英尺遠處的普通德製玻璃管道中，發出螢光。可是在這一情況下，光要穿過真空管壁和相當厚的空氣層才能達到螢光體。」

勒納德是研究陰極射線的權威學者之一，他在研究不同物質對陰極射線的吸收時，肯定也「遇見過」X 射線，他以為是由於螢光屏塗的是一種只對陰極射線敏感的材料而未予明確結論。但他始終對倫琴的優先發現耿耿於懷，甚至 1906 年他獲諾貝爾物理獎時還說：「其實，我曾經做過好幾個觀測，當時解釋不了，準備留待以後研究——不幸沒有及時開始——這一定是波動輻射的軌跡效應。」

其實勒納德即使當時宣布觀測到 X 射線，也不能承認他是 X 射線的發現者，因為當倫琴宣布 X 射線的發現以後，他還誤認為 X 射線是速度無限大的陰極射線，把陰極射線和 X 射線混淆在一起。然而倫琴早在 1896 年就宣布 X 射線不帶電，與陰極射線有本質上的區

別。

科學家的精神

　　對倫琴發現 X 射線的偉大貢獻，科學界作出了中肯的評價。普魯士科學院在祝賀倫琴獲得博士學位五十周年的賀信中寫道：

　　「科學史告訴我們，通常在發現和機遇之間存在一種特殊的聯繫，而許多不完全了解事實的人，可能會傾向於把此一特殊事例歸之於機遇，但是只要深入了解您獨特的科學個性，誰都會理解這一偉大發現應歸功於：您是一位擺脫任何偏見、將完美的實驗技術和極端嚴謹的態度結合在一起的研究者。」

　　誠哉斯言！法國化學家巴斯德有句名言：「機運偏愛頭腦有準備的人」。正是由於倫琴經過長期磨練，掌握了完美的實驗技術，擺脫了任何偏見，才有可能抓住機遇，作出別人尚未作出的新發現。如何對待機運？倫琴給我們樹立了榜樣。

（1994 年 5 月號）

神秘的微中子

◎——倪簡白

微中子的發現

　　這個似乎虛無縹緲的粒子是如何發現的？原來在 1930 年代研究原子核的 β 衰變時，人們注意到一個看來是能量不守恆的現象，例如在碳十四的 β 衰變過程（式一，放出的 β 射線即電子），人們發現電子的動能與碳和氮原子之質量差不符合。按照力學原理，上述過程必須滿足動量與能量守恆律。但由於電子的質量比碳或氮小很多（電子質量是質子的 $1/1860$），所以 β 衰變時，原子核幾乎不動。這也意味著電子的動能，等於兩原子核的質能差。由於我們已知的碳與氮的質量，因此電子的動能應有一固定值，即 $E = (m_N - m_C) c^2$。但實驗發現，電子能量在每一實驗均不同，其能量為連續分佈，自 0 到一極大值（如圖一），因此它明顯地違反能量守恆定律。

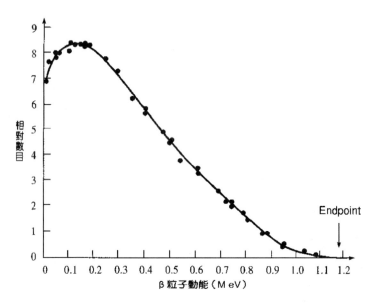

圖一：鉍同位素^{210}Bi 所產生的β射線能譜。圖中可見能量分布為一連續分布，而非一固定值。

　　此一問題困擾了三〇年代的科學家有好一陣子，最後還是大物理學家包里（W. Pauli）出來解圍，他提議說β衰變時，有第三個粒子射出，它攜帶了剩餘的能量。此一粒子是中性的，非常小而測不到，當它與電子一齊射出時，攜帶了必須守恆的動量與能量。同時大科學家費米將此粒子命名為「neutrino」，意即小的中性粒子（當時已知中子的存在，而且實驗上已測得到）。人們隨後發現中子之β衰變，也會產生微中子。中子（n）在核內是穩定的，但離開原子

核後，生命期只有十分鐘左右（式二），它所產生的微中子是反粒子。中子衰變過程的逆過程，是反微中子撞上質子（P）的反應（式三）；另一相關反應是微中子與中子的直接反應（式四）；因為中子很少，所以被反微中子撞上的機率不大，故這兩種反應不易發生。目前知道微中子有三種，它們分別伴隨電子、μ介子及τ介子產生。隨電子產生的微中子最多，標示為ν_e，它的反粒子即上述的ν_e；其他兩種分別為ν_μ及ν_τ。

太陽與星球產生的微中子

太陽中心所發生的核反應是維持太陽能量的來源。太陽最基本的核反應是質子（P）融合產生氘（D）及微中子（表一式五）。

質子融合反應的下一步是氘與質子的融合成為氦（式六），而後又接著氦融合的反應（式七）。以上的淨反應產生了兩個微中子（式八）。

太陽內巨大的核融合反應維持它的光亮，但也送出無窮多的微中子。據估計，地球面對太陽的一面，每平方公分每秒接受約七百億個微中子，這些微中子大部分穿越地球而進入另一邊的太空。

表一：各式反應

式一	$^{14}_{5}C \rightarrow {}^{14}_{7}N + e^-$
式二	$n \rightarrow P + e^- + \bar{\nu}_e$
式三	$P + \bar{\nu}_e \rightarrow n + e^-$
式四	$n + \nu \rightarrow P + e^-$
式五	$P + P \rightarrow D + e^+ + \nu_e$
式六	$D + P \rightarrow He^3 + \gamma$
式七	$He^3 + He^3 \rightarrow He^4 + 2P$
式八	$4P \rightarrow He^4 + \gamma + 2\nu_e$

　　同樣地，任何星球也都送出大量的微中子。1987 年，曾經有一顆超新星爆炸，對於天文有興趣的朋友都應記得，這一事件只在南半球可目視；但當時在日本的神岡微中子測試站，卻記錄到微中子抵達的訊息，這唯一的可能就是微中子穿越地球而來的。這一偶然的發現對超新星爆炸及微中子探測，提供了重要的訊息。

　　因微中子不易測量，所以太陽射出的兆億微中子中，只有一、二個偶然被測到，但人們一直有興趣測量它。這一工作的先鋒開拓者，是美國布魯克海汶實驗室的戴維斯（Raymond Davis）。他於

$$\boxed{\text{式九}} \qquad \nu_e + {}^{37}\text{Cl} \rightarrow e^- + {}^{37}\text{Ar}$$

1967 年在美國的南達科他州（S. Dakota）某一地下金礦中進行此一實驗。此礦坑深入地下 1.5 公里，為的是過濾大部分天外來的宇宙射線。為捕獲微中子，戴維斯使用六百噸的四氯乙烯作介質。很偶然地，微中子撞到氯原子核會將氯原子轉成氬原子同位素氬 37（式九，正常的氬原子量是 40）。氬因不起化學反應，所以會存於四氯乙烯中。戴維斯每兩個月用氦氣沖洗，將其中二十個氬原子釋出。這二十多個 ${}^{37}\text{Ar}$ 雖少，但因為它會輻射，卻可測得到。戴維斯的實驗平均每兩天可以測到一個事件（即一次微中子信號）。

從 1967 年到 1994 年的二十七年中，戴維斯實驗測到的微中子是理論預期的四分之一，因為與太陽理論不符，因此造成了一個謎，我們稱之為太陽微中子問題。大家一直無法解釋其他四分之三的微中子在哪裡。

近十年來，另外幾個實驗陸續展開，其中比較有名的是日本的神岡實驗。本實驗在 1987 年展開時，使用六百噸的純水。當質子被微中子撞到後產生高速電子輻射，電子以近光速進行，在水中會產生一種震波，叫契倫可夫輻射（Cerenkov Radiation，圖二），藉著測

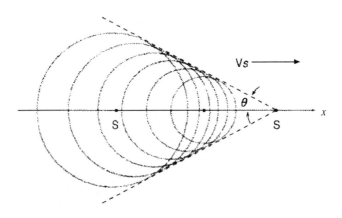

圖二：當電子速度 V_s 大於光在水中的光速時（大學是 2.2×10^8 m/s），延波前發出二道包跡形成與
　　　前進方向具有 θ 角的震波，此即契倫可夫輻射。在空中飛行的噴射機會形成類似波，即聲爆。

量契倫可夫輻射的產生，可以得知微中子的數目。1987～1990 三年
間，神岡實驗結果與戴維斯結果吻合，其中還意外測到 1987 年超新
星爆炸射出的微中子。1990 年以後，神岡實驗又大肆擴充，這次使
用了五萬噸的純水。今年（1998）夏天，它的測量結果有突破性的
發現。據報載，根據二年來的數據，超神岡（Super Kamiokande）的
工作人員有很大的信心證明微中子是具有質量的；但質量是多少，
目前仍無法決定。

　　所以目前對太陽微中子數目的短缺，是根據將以下的說法，即
太陽中射出的電子微中子ve 會經過某種方式轉變成其他二種微中子

（νμ及ντ），但我們測不到這二種微中子。

在日本的神岡實驗是對直接來自大氣（面對太陽）的微中子及穿越地球（背對太陽）而來的微中子進行比較；後者由於多走了一個地球的距離，因此多一點時間轉換成其他微中子。地球的直徑是一萬三千公里，但微中子是以光速運動，此一時間實際很短。實驗發現，此一距離已足夠轉換微中子了。過去二年來的五百三十五個工作天，神岡測到二百五十六個上面來（穿過大氣）的μ型微中子（νμ）；但自地底來的卻只有一百三十九個。超神岡可能是目前世界上最靈敏的微中子探測實驗，為了捕獲前述的電子契倫可夫輻射，使用一萬三千支大型光電管，耗資一億美元，全世界共有一百二十位科學家參與。

類似的微中子實驗還在其他地方進行，例美蘇二國合作的鎵實驗（Ga Experiment 或稱 SAGE）；法國也有一組類似的實驗。但所有實驗都與早期戴維斯結果差不多，測到的微中子只有理論的二分之一到四分之一。

微中子質量

微中子質量若能確定，上述太陽問題也就有答案了。微中子是首先由β衰變發現的，精確測量β能譜應可推出微中子質量，但是由

於精密度要求太高，至今也無定論。其中比較著名的實驗是有一些：

　　1. 1948 年，庫克（Cook）測量硫 35 之 β 能譜，得到質量（mv）上限 5KeV。

　　2. 1972 年，瑞典勃克維斯特測量氚衰變，得到質量小於 60eV。

　　3. 1980 年，俄國柳比莫夫測到質量在 17eV 到 40eV 間。

　　4. 1988 年，俄國柳比莫夫重複實驗，仍得到相同的結果。

　　同時，日本、美國、中國科學院的另一種實驗測量結果顯示，mv^2都是負值（統計上的意義即 mv ＝ 0，但也有其他解釋，並無定論）。（註）

微中子與宇宙學

　　按目前宇宙形成理論，三種微中子普遍存在宇宙之中。宇宙的微波（3K）黑體輻射已廣為人知，那是大霹靂後宇宙中剩餘的輻射能。根據理論，微波背景是大約每立方公分四百個微波光子（按電

（註）：2009 年天文物理的一項研究指出微中子質量約 1.5eV，但是 2010 年另一研究指出它的質量是 0.28eV。這二項研究都是理論的估計，而非直接實驗測量。

磁波理論，微波也是一種光，只是波較長）。這正像大氣中空氣分子密度（在一大氣壓時是 2.5×10^{19} 分子／立方公分）。粒子的密度隨宇宙膨脹而日漸降低，目前這個數目（400）是近年來測量出來的。

理論亦顯示三種微中子密度為每立方公分一百個，它們比電子或質子密度高一千萬倍。天文物理研究一直認為宇宙中物質成分比天文觀測所估計的大很多，天文觀測所看到的大部分是發光的原子及分子，但另一部分不發光的（稱之為暗物質）一直無法估算出來，而且它們是什麼物質也是令人困擾。若是微中子具有一極小質量（例如5eV），對宇宙學、天文物理研究就有很深遠的影響。這是目前亟待了解的問題。

（1998 年 10 號）

參考資料

1. Lang, K. R., Sun Earth and Sky, Springer, 1997.
2. 孫漢城，《中微子之謎》，牛頓出版社。
3. Primack, J. R., Science, Vo1.280, p.1399,1998.
4. Science, Vol.280, p.1689, 1998.（Research News）
5. Physis Today, p.21, April 1995.

電子躍遷與雷射效應

◎—郭艷光

任教於彰化師範大學物理系暨物理研究所

自然界的物質是由各種不同的原子或分子所組成的。量子論告訴我們，每一個原子或分子皆有其特定的能階，而原子或分子內的電子只能存在這些特定的能階中。當一個光子與一個原子或分子相遇，而這個光子的能量剛好等於此一原子或分子某兩個能階間的能量差時，低能階的電子可能吸收這個光子而躍上高能階，在這種情況下入射光的能量被吸收了。但另一方面，高能階的電子也可能受這個光子的刺激而躍下低能階。當電子由高能階受激而躍下低能階時，會釋放一個與入射光子能量相同的光子，因此，在這種情況下入射光的能量被增強了。根據愛因斯坦的理論，低能階的電子吸收入射光子而躍上高能階，與高能階的電子受入射光子刺激而躍下低能階的機率是一樣的。因此，當一道光經過某一特定物質的時候，其能量（或光子數目）會衰減或被放大，完全要看相關能階上的電子數目而定。如果低能階的電子數目多於高能階的電子數目，

能量會衰減（光子數目愈來愈少）；反之，如果高能階的電子數目多於低能階的電子數目，能量會增強（光子數目愈來愈多）。

電子能階圖

　　一個原子或分子的能階個數，就理論而言是無限多的，但與雷射效應相關的能階則不多。[1]圖一所示為一簡化之電子能階圖，雷射系統所使用的活性介質由無數個原子或分子所組成，活性介質內數量龐大的電子在室溫時大部分都處在最低能量狀態。[2]為了達到放大能量的效果，我們需要設法將相當數量的電子趕到高能階上去。[3]當電子被提升到高能階（能階 2）之後，一

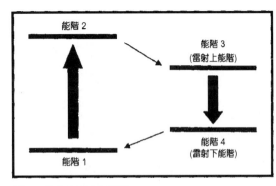

圖一：簡化之電子能階圖。

---

1. 與雷射效應相關的能階，我們稱之為雷射的「特性能階」。
2. 最低能量狀態稱為「基態」，即圖一中之「能階1」。
3. 將電子提升到高能階的方法依各別雷射系統而定，例如一般的氣體雷射常藉由高壓放電激發電子，液態的染料雷射大多使用其他氣體雷射來提供能量，固態雷射使用強力閃光燈或雷射二極體，而半導體雷射使用注入電流的方式等等。

般而言，會在極短時間內釋出部分能量繼而躍遷到某一次穩能階（Meta-StableLevel，能階 3）。一個良好的雷射活性介質通常都會有至少一個的次穩能階，在次穩能階的電子可以停留比較久的時間。[4] 當然，如果沒有其他因素影響，次穩能階的電子在若干時間之後，會自然地躍遷到某一較低能階（能階 4）而釋放出光子。但是，如果此時有一光子進來，而此一光子的能量恰好等於能階 3 與能階 4 之能量差，能階 3 的電子會受激而躍遷到能階 4，並且放射一個與入射光子相同能量的光子。在能階 4 的電子隨後會很快地回到最穩定的能階 1（即所謂的基態）。

經由自然躍遷所釋放的光子群，除了能量是相近的之外，光子與光子間沒有太大的關連。但是，經由受激躍遷所釋放的光子群，除了有相同的能量、波長與頻率外，光子與光子間的相位（Phase）與行進方向也是一樣的。[5]「雷射」一詞是英文「LASER」的譯音，而 LASER 是 Light Amplification by Stimulated Emission of Radiation 等字的縮寫。顧名思義，雷射指的是光經由受激放射而放大的過程。

---

4. 電子在次穩能階所能停留的時間稱為此次穩能階的生命期（Lifetime）。
5. 就量子力學的觀點而言，受激放射的光子與入射光子是完全相同而不能分辨的。

在大陸地區，人們稱雷射為「激光」，是取其字義。由於雷射光具有高度的方向性與同調性（Coherence），同時也有窄頻與可被調變的特性，無論是在光學、通信、切割、醫療，乃至於人們的日常生活，都扮演著重要的角色。

　　如圖一所示的雷射系統為「四階雷射系統」，其中能階3是雷射上能階，能階4是雷射下能階。電子自能階3躍遷到能階4所釋放出來的光子其能量等於能階3與能階4間的能階差，而這些光子的波長也就是這個雷射的波長，著名的 Nd: YAG 雷射即是此一雷射系統的典型代表。如果雷射下能階是基態（即能階4等於能階1），我們稱此雷射系統為「三階雷射系統」，紅寶石雷射[6]即為一典型的代表。一般而言，四階雷射系統效率較高，比較容易產生雷射光。

雷射系統架構圖

　　圖二所示為一簡化之雷射系統架構圖。激發系統（Pumping System）的功能在

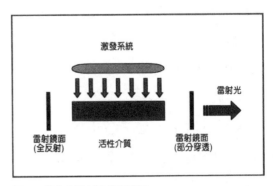

圖二：簡化之雷射系統架構圖。

---

6. 紅寶石雷射是人類所開發的第一具雷射。

於將眾多活性介質內的電子，自基態直接或間接地提升至雷射上能階。由於電子自雷射上能階躍遷到雷射下能階時可以釋放出光子，進而達到放大入射光強度的效果，因而在此雷射系統中是扮演「增益」的角色。而雷射鏡面則提供一個光學迴路，使雷射光得以來回震盪，達到持續放大的效果。當然，至少有一個雷射鏡面必需是部分穿透的，如此，部分雷射光才能自雷射系統中釋出，為我們所用。

另一方面，在雷射系統中存在著各種損失：各光學元件（雷射晶體、雷射鏡面等）的表面與內部如果有缺陷，會造成光強度的損失；雷射鏡面的部分穿透也會造成雷射腔內光強度的損失。當一個雷射系統自激發系統獲得的增益大於所有損失的總合時，雷射腔內的光強度會持續地被放大，進而開始放射雷射光。在雷射光放射的過程中，由於當光經過活性介質時會刺激雷射上能階的電子，使其躍遷到雷射下能階，雷射上能階的電子數量會逐漸減少，使得增益隨著逐漸變小。當增益小於所有損失的總合時，雷射腔內的光強度會轉而變弱，直到完全沒有雷射光。如果激發系統一直保持在工作的狀態，活性介質基態的電子會持續被提升至雷射上能階，另一個產生雷射脈衝的循環於焉再度展開。

有趣的是，某些物質除了可以做為雷射的「活性介質」外，也

可以被用來吸收光子，[7]避免雷射系統產生早期震盪，其目的在於產生強而有力的雷射脈衝。在這種特殊的情況下，這個物質所扮演的是「可飽和吸收體」的角色。

使用可飽和吸收體的固態雷射系統

圖三所示是使用可飽和吸收體的固態雷射系統，除了雷射系統中必備的活性介質以外，此雷射系統還使用了一片可飽和吸收體。這一片可飽和吸收體吾人又稱之為「被動 Q 開關」，在這裡，「Q」代表「Quality」，是「品質」的意思。一個雷射系統的 Q 愈高，雷射腔內的損失愈低；反之，如果一個雷射系統的 Q 愈低，雷射腔內的損失愈高。

「被動 Q 開關」的工作原理是：在激發系統（例如固態雷射用的閃光

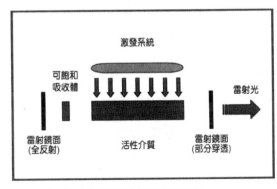

圖三：使用可飽和吸收體的固態雷射系統。

---

7. 可以被用來吸收光子的條件是：此物質的能階 2 與能階 1 間的能階差必需等於入射光子的能量。

燈）工作的初期，雷射腔內的光強度不高，可飽和吸收體內的電子大部分處於基態，對入射光的吸收能力強，因此雷射腔內的損失較高（Q 較低）。一段時間過後，當雷射腔內的光強度轉強時，可飽和吸收體內的電子大部分自基態被提升至高能階，以致無法再吸收入射光（此時可飽和吸收體變透明），因此雷射腔內的損失在瞬間變低了（Q 變高）。一個雷射系統要讓可飽和吸收體變透明是需要時間的，在這一段時間內，激發系統會將數量龐大的電子送到活性介質的雷射上能階，因此在可飽和吸收體變透明之後，雷射可以釋放出強而有力的窄脈衝雷射光。由於整個過程當中，Q 值由低變高，像是「開關」一樣，因此稱為「Q 開關」。又由於其開關機制依入射光的性質而定，不是我們所能主動控制的，因此我們將可飽和吸收體歸類為一種「被動 Q 開關」。

現在我舉一個例子來說明上述被動 Q 開關的工作原理。Cr:YSO 是一個相當有用的雷射晶體，如果使用強力閃光燈作為激發系統，並且選用適當的雷射鏡面，在室溫時它可以發出波長為 1.25 微米的雷射光。由於 Cr:YSO 晶體在紅寶石雷射與 Cr:LiCAF 雷射[8]的波長有

---

8. Cr:LiCAF 是一種攙鉻的 LiCaAlF6 雷射晶體，其雷射光波長自 720 毫微米至 840 毫微米，是一種波長可調的固態雷射。

很強的吸收峰，我們的實驗發現 Cr:YSO 除了可以作為一個雷射的活性介質以外，它也可以被使用於紅寶石與 Cr:LiCAF 雷射系統中，作為可飽和吸收體。

Cr:LiCAF 雷射與 Cr:YSO 可飽和吸收體

現在，我們以 Cr：LiCAF 雷射為例，使用電腦模擬的方法來進一步說明電子與雷射光在使用 Cr:YSO 作為可飽和吸收體的雷射系統中的動態行為。[9] 如圖四（a）所示，由於 Cr:LiCAF 不斷地自激發系統（閃光燈）獲得能量，增益隨著時間增加（因為雷射上能階的電子愈來愈多）。雷射上能階的電子會經由自然放射光子，或受激放射的方式躍遷到雷射下能階。當雷射腔內光子的數目還很少的時候（即光強度還比較弱的時候），Cr：YSO（可飽和吸收體）對光的吸收能力是很強的，因此整體雷射系統的損失較高。但是，如圖四（a）所示，在一段時間之後，當增益高於整體雷射系統的損失時，雷射腔內光子的數目會被急速放大，繼而經由受激放射產生雷射光。

圖四（b）是雷射脈衝附近的放大圖形。當光子的數目愈來愈多

---

9. 有興趣知道實驗結果與詳細說明的讀者請看參考資料 1 與參考資料 2。

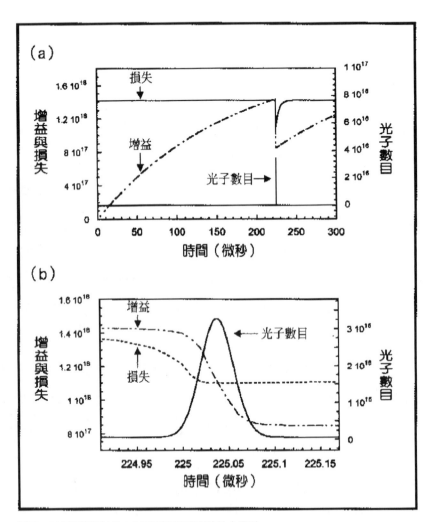

圖四：(a)電腦模擬結果；(b)雷射脈衝附近的放大圖形。

時，這些光子有一部分被 Cr:YSO 所吸收，使得 Cr:YSO 基態的電子一個個被提升到高能階上。當 Cr:YSO 基態大部分的電子都被提升到高能階的時候，Cr:YSO 對光的吸收能力變弱了（甚至有可能變透明），因此由 Cr:YSO 造成的損失在瞬間變小了。由於此時增益遠大於整體雷射系統的損失，光強度急速地被放大。而雷射上能階大量的電子受到大量光子的刺激而躍遷到雷射下能階，使得增益在光強度被逐漸放大的過程中隨著逐漸地變小。當增益等於整體雷射系統的損失時，光子的數目達到最高峰（此時雷射光最強）。此後，增益小於整體雷射系統的損失，光子的數目愈來愈少，直到雷射光消失為止，這就是產生一個雷射脈衝的過程。如果激發系統一直維持在工作的狀態，此雷射系統會持續不斷地發射一個接著一個強而有力的雷射脈衝。

由於上述雷射系統使用了可飽和吸收體，使得整體雷射系統的損失在初期提升了不少，因此激發系統必需花比較長的時間才能使雷射系統累積足夠的增益，以超越系統損失。而激發的時間愈久，雷射上能階累積的電子數目愈多。[10]當增益大於系統損失時，光子的數目急速增加，而可飽和吸收體所造成的損失急速減小，此時因為

---

10. 比沒有使用可飽和吸收體時所能累積的電子數目高很多倍。

增益遠大於損失，所以雷射上能階大量的電子可以在極短時間內受到大量光子的刺激而躍遷到雷射下能階，進而產生窄而強的雷射脈衝，這就是被動 Q 開關的工作原理與目的所在。如果不使用可飽和吸收體，雷射系統會比較容易產生雷射光，但是雷射光的強度會較弱。

半導體雷射與可飽和吸收體

其實，可飽和吸收體的觀念（即被動 Q 開關的原理）除了在固態雷射系統中被廣泛使用以外，在半導體雷射也有重要用途。日本的研究人員已經用實驗證明，[11]在半導體雷射的活性層（Active Layer）附近長一層薄薄的可飽和吸收體（也是半導體材料），可以使此半導體雷射自然工作於脈衝模式。[12]理論與實驗均證明，當半導體雷射被應用於數位影音光碟（DVD）及電腦光碟等資料儲存系統時，工作於脈衝模式在讀取資料時的雜訊，會遠低於連續波模式。[13]在半導體雷射的活性層附近長一層可飽和吸收層，就可以使此半導體雷射自然工作於脈衝模式，免除外加調變線路的麻煩與花費，真是一

---

11. 請參考參考資料 3 與參考資料 4。
12. Pulse Mode，即雷射光輸出是一個接著一個的雷射脈衝。
13. Continuous-WaveMode，即一直有雷射光輸出。

舉數得！

結語

　　在這一篇文章中，我簡單地介紹了雷射的基本原理，也以一個固態雷射系統為例，說明一個雷射系統中電子與雷射光的交互作用。雖然氣態雷射[14]、液態雷射[15]、固態雷射[16]、與半導體雷射[17]的雷射波長、系統結構、與激發方法不盡相同，但是它們的工作原理都是類似的。最近，可以產生藍光與綠光的 InGaN 半導體雷射已經成功地被開發出來。繼紅光 AlGaInP 半導體雷射之後，藍綠光 InGaN 半導體雷射在數位影音光碟及電腦光碟等應用，無疑地即將帶來另一波「彩色革命」。雷射光是很純、很美的，各式各樣的雷射為人類帶來視覺上的美感及生活上的便利與助益，歡迎大家加入雷射研究的行列！

（1998 年 2 月號）

---

14. 例如氦氖雷射、二氧化碳雷射等。
15. 例如染料雷射。
16. 例如紅寶石雷射、Nd:YAG 雷射、Cr:LiCAF 雷射等。
17. 例如 AlGaAs 雷射、AlGaInP 雷射、InGaAsP 雷射等。

參考資料

1. Kuo, Yen-Kuang（本文作者）,Huang, Man-Fang and Birnbaum, M., Tunable Cr4+:YSO Q-switched Cr:LiCAF laser, IEEE Journal of Quantum Electronics, vol. 31, pp.657-663, 1995.
2. Kuo, Yen-Kuang（本文作者）and Birnbaum, M., Characteristics of ruby passive Q-switching with Dy2+：CaF2 solid-state saturable absorber, Applied Optics, vo1. 34.pp. 6829-6833, 1995.
3. Adachi, H., Kamiyama, S., Kidoguchi, E. and Uenoyama, T.,Self-Sustained Pulsation in 650-nm-Band AlGaInP Visible-Laser Diodes with Highly Doped Saturable Absorbing Layer, IEEE Photonics Technol. Lett., vol. 7.pp.1406-1408, 1995.
4. Kidoguchi, I., Adachi, H., Fukuhisa, T., Mannoh, M. and Takamori, A., Stable Operation of Self-Sustained Pulsation in 650nm-Band AlGaInP Visible Lasers with Highly Doped Saturable Absorber Layer, Appl. Phys. Lett.,Vo1. 68, pp, 3543-3545, 1996.

急遽升溫的超導

◎──吳茂昆

任教於清華大學物理系

各位讀者如果曾經看過「回到未來」（Back to the Future）電影系列，應該部會對在第二、三集出現的飛行車與飛行滑板印象深刻，希望自己能擁有類似的交通工具。如此願景，由於高溫超導體的發現，已不再是遙不可及的夢想。圖一所示即是應用高溫超導材料製作的一套磁懸浮展示裝置。

圖一：應用高溫超導製的磁懸浮展示。超導體置於上端的低溫容器內。注意玩偶與超導之間是懸浮的。

超導現象與原理

超導體的特性之一是：其於超導態時，電阻為零；也就是說，當電流通過材料時，不再有因電阻存在而產生的損耗。電阻突然消失的溫度叫做

「超導體的臨界溫度」，通常用 Tc 表示（圖二）。Tc 是物質常數，同一材料在相同條件下有嚴格確定的值。這個零電阻狀態可用超導材料製作成超導環，檢驗其持續

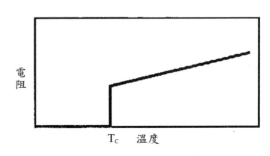

圖二：超導體之電阻與溫度關係，T_c 是超導轉變溫度。

電流來驗證。例如應用鉛膜的實驗結果推算，發現其電阻率的上限約為 4×10^{-23} 歐姆-厘米（Ω-cm）；依此推算，超導環持續電流存在的時間，將比目前所知宇宙存在的年代還要長。不過，在足夠強的磁場或電流之下，超導體電性將被破壞。實驗證明，在溫度小於 Tc，且無外加電流時，當外加磁場大於一確定值－「臨界磁場 Hc」，樣品會回復到正常態。Hc 是溫度的函數，溫度降低時臨界磁場升高。如果電流在不加磁場時通過超導體，則當電流超過一定數值後，樣品也會恢復為有電阻的正常態。此破壞超導的最小電流值稱為「臨界電流 Ic」。在相當可行的近似下，Ic 與 Hc 約成線性關係，所以 Ic 與溫度 T 的關係也可以用近似的拋物線公式表示。然而，Ic、Hc 與 Tc 不同，它不單純是物質常數，而與樣品的形狀及尺寸也有關係。

　　超導體的另一特性是：具有完全的抗磁性（diamagnetism），或

稱為邁斯納效應（Meissner effect）。邁斯納於 1932 年實驗證明，不論是先將樣品降低溫度使其低於 Tc，然後再外加磁場，或先加磁場再降溫，只要磁場小於 Hc，磁場都無法透入超導體內部（圖三）。此結果明確的驗證超導體與所謂的「理想導體」是不同的。此特性是超導體呈現磁浮效應的主要原因。

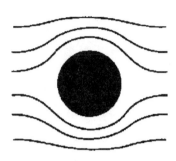

圖三：超導體的抗磁性。表示磁力線（曲線）無法穿透超導體。

自 1950 年證實超導的電子能譜存在一個能隙，並發現超導具有同位素效應後，超導理論的建立有了明確的方向。1956 年，Cooper 證明了在靠近金屬費米面（Fermi Surface）的一對電子，如果它們之間存在淨吸引力，無論此吸引力多麼微弱，它們將形成一束縛態「庫柏對」（Cooper pair，圖四）。此理論指出，兩個具有相等大小，方向相反的動量（momentum）和自旋（Spin）的電子間，存在著最強的吸引力。根據此一理論基礎，J. Bardeen、L. N. Cooper 及 J. R. Schrieffer 於 1957 年

圖四：兩個在費米面附近的電子形成庫柏對（構圖取材自 MIT 文小剛教授）

提出 BCS 理論，解釋了超導電性的微觀（microscopic）機制。根據 BCS 理論，金屬中的電子間雖然存在經屏蔽的庫倫排斥力，但是兩個電子之間可以透過電子－聲子（量子化的原子振動模）交互作用，使在費米面附近具有相等動量、方向相反，及自旋方向相反的一對電子間，呈現相互吸引的作用力。只要此吸引力大於屏蔽庫倫排斥力，兩個電子即結合成庫柏對，而超導態即為這些庫柏對的集合態。

　　為什麼電子形成配對後會出現超導現象？由牛頓力學得知，一系統之所以受力是由於該系統在運動過程中，其動量產生變化。金屬內的導電電子在傳導電力時，由於與其他電子、原子，或晶體內含的雜質發生碰撞，動量改變而產生阻力，此即電阻的來源。然而，當電子經某種作用力形成配對後，而配對電子的總動量為零。因此，只要此配對不被破壞，電子傳輸電力時其總動量維持不變，也就沒有阻力產生。根據 BCS 理論的架構，考慮弱交互作用及理想的狀況下，Tc 的上限約為 30～40K。這是八〇年代中期多數人認為超導溫度不會超過 40K 的原因，所以過去一般認為 BCS 理論只適用於低溫金屬超導體。

低溫超導的發展

自 1911 年荷蘭萊登大學的翁尼斯（Kamerlingh H. Onnes）首次於汞（Mercury）金屬發現超導現象，到 1986 年發現銅氧化物高溫超導，發現的超導體總數超過五千種，其 Tc 的提升平均僅約為每年 0.3K。而以材料的發展觀之，則經歷了一個從簡單到複雜，由一元系、二元系、三元系到多元系的過程。在 1911 至 1932 年間，以研究元素超導體為主；1932 至 1953 年間，則發現了許多具有超導電性的合金，並於與食鹽（NaCl）具相同結構的過渡金屬碳化物和氮化物，得到 Tc 高於 10K。隨後，1953 至 1986 年間，發現了一系列 A15 結構及三元超導體，將 Tc 提升至高於 20K。在這段時間，材料製作技術大幅提升，完成了高性能超導線材及薄膜的製備，成功地建立高磁場超導磁鐵及高靈敏度超導探測儀的製造技術。同時，成功的發現許多新的超導：如法國化學家 Chevrel 發現的一系列硫化物、三元的硼化物 ReRh4B4（Re 代表稀土元素），以及重費米子超導（heavy fermion）等。遺憾的是，這些材料都無法突破鈮三鍺（Nb3Ge，A15 結構）超導體的 23.2K 紀錄。

高溫超導的發展

　　自超導體被發現之後，如何成功的將超導體的超導轉變溫度提升到液氮的蒸發溫度（絕對溫標 77 度，通常以 77K 表示），已成為科學界長期來努力的目標。猶記得筆者當研究生時，指導教授（美國休士頓大學的朱經武院士）曾言，若我們發現具有 77K 轉變溫度的超導體，不僅立即可以畢業，而且畢業論文只需要一行字即可。過去將近四分之三世紀的努力，超導體的轉變溫度僅推至 23.2K。按此推進速度，要達到 77K 的界限，將約需兩百年。這正是八〇年代初期，超導研究逐漸不受重視的主要原因。

　　1986 年 9 月，著名的科學期刊《Z. Phyzik》刊登了瑞士科學家 Alex Muller 及 Georg Bednorz 的文章。他們發現一銅氧化物 La-Ba-Cu-O 可能存在超導轉變溫度高達 36K 的超導現象。同年 12 月初，在美國波士頓舉行的材料科學年會的會場，朱經武院士與東京大學的北澤宏一（K. Kitazawa）教授分別證實 La－Ba－Cu－O 確實存在 36K 的超導轉變。確切的超導相隨後被證實為呈 K_2NiF_4 鈣鈦礦（perovskite）層狀結構，具有強的各向異性（anisotropy），而其化學組成為 $La_{2-x}Ba_xCuO_4$，超導溫度隨 Ba 的含量改變，當 X = 0.15 時，達到最高。

波士頓會議後，引發了一連串更高溫新材料的發現。在會後不到兩星期，美國貝爾實驗室的卡瓦（Robert J. Cava）博士與當時在阿拉巴馬大學的筆者，分別發現以鍶（Sr）取代鋇（Ba）的 La-Sr-Cu-O 可將超導溫度提升到 41K。同時朱經武院士的研究小組發現，應用高壓方式，La-Ba-Cu-O 可有高達 60K 的超導轉變，顯示銅氧化物材料可能存在高於 77K 的超導。果然，到了 1987 年 1 月 27 日，筆者的研究小組首先證實 Y-Ba-Cu-O 材料具有約 95K 的超導轉變；隔日，在朱經武院士的實驗室，我們重複驗證，得到相同的結果，並且在高磁場下的測試，指出其於絕對零度時的臨界磁場可高達一百三十萬高斯（地磁的強度約為 0.5 高斯），確定高於 77K 超導體的存在，使高溫超導成為學術界最主要的研究課題之一，目前高溫超導材料已超過兩百多種。

高溫超導的機制

　　高溫超導材料最主要是一系列含銅氧化物。若依據材料的原子排列結構分類，可概分為二十九類。若從構成的元素來區分，則有近百種不同的材料。這些材料，雖有微細結構上的差異，但可歸納如圖六所顯示的原子排列方式。圖中金字塔或平面結構表示銅元素與氧原子的排列方式，例如金字塔形狀部分表示底部中心有一銅原

子，金字塔各頂點則為氧原子的位置。標示 lst 的是金屬原子如釔、鉈與鉛等位置：2nd 是 Ba；3rd 是 Ca 等陽離子所在的位置。這些陽離子的存在不僅提供了結構穩定所需的支架，某些情形也扮演提供導電離子的角色。

　　從圖五可知，銅氧化物高溫超導系統具有一準二維的銅氧平面。這些材料無論是在未形成超導態，或在超導狀態，其電性及磁性行為均由此準二維的銅氧平面所主導。這些準二維的銅氧層，在化學平衡狀態下，原為不導電的絕緣體。由於每個銅原子上正好各有一個電子，電子間的強烈排斥力，使電子無法由一個銅原子移到另一個鋼原子上。若經過一適當的化學攪雜，使銅氧層上的部分銅原子失去一個電子，造成銅氧平面上出現空位，使得電子可以自由地從所占的位置跳到空位上，而呈現導電性。此現象好比一滿座的演講廳，當每個位子都有人占用，人無法移動。若有人離開而留下空位時，即可看到人潮的移動。空位的數目，隨著攪加的陽離子數目或氧含量的多寡改變，材料的導電性也跟著改變。當導電離子數目增加到一定數量時，超導性也就伴隨而生。

　　對於超導性的形成，大家的共識是：導電粒子仍然呈配對而造成超導。但這些導電粒子是以何種方式形成配對？至今仍眾說紛紜。針對超導的配對，主要有如下兩大課題：一是造成配對所需的

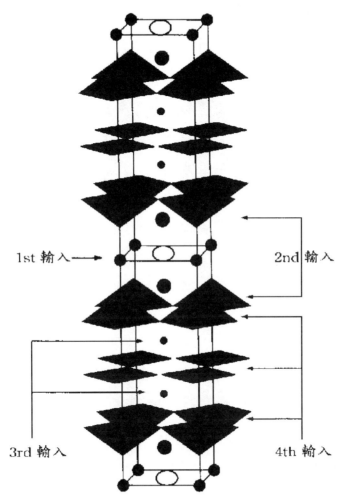

1st 輸入 →   2nd 輸入

3rd 輸入   4th 輸入

圖五：銅氧化物 $TIBa_2Ca_2Cu_3O_{9+x}$ 超導體結構圖："1st"是 TI 數，"2nd"是 Ba，"3rd"是 Ca，"4th"是銅的數目。因此簡稱"1223"，其他材料可依此類推。（本圖取材自"Crystal Structures of the High-T_c Superconducting Copper-oxides"，by H. Shaked, P. M. Keane, J.C. Rodriguez, F.F. Owen, R.L. Hitterman and J.D. Jorgensen, Physica C, 1994）

粒子間的作用力究竟為何？另一問題是這些配對電子波函數的對稱性又是如何？前一個問題，目前理論可歸納為兩大流派。一派人士主張配對一如低溫超導，導電粒子間透過某種作用力造成彼此相吸而配成對，配對後即經由波色凝聚而產生超導。至於促成相吸的作用力，則有主張仍是由於晶格振動造成，也有主張是透過某種磁性作用力而來。另一派則認為帶電粒子的配對來自完全不同的機制。主要的概念是認為由於銅氧平面的特殊磁性結構而形成特殊的基態，使得帶電粒子在相當高溫時即形成配對，到了較低溫耦對數增加到臨界值時再凝聚成超導狀態。這兩派理論至今各有實驗證據的支持。

另一方面，關於配對粒子波函數的對稱性，目前的實驗絕大多數都支持所謂的「d波對稱」。此結果主要來自於銅氧化物超導體的特殊二維銅氧層結構。雖然目前高溫超導理論機製仍有許多待釐清，但十年來累積的知識，已提供科學家們相當明確的方向。更重要的是，這些研究結果讓科學家們對過去一直不清楚的「強電子作用系統」有了相當明確的概念。

高溫超導的應用

超導體的應用一般可分成大型及小型兩類，大型應用包括電力

的傳輸、超導磁鐵的製作及磁能儲存器等；小型的應用則主要在微小訊號探測器、光探測器及交換（switching）元件等。高溫超導上面臨的問題包括：材料的機械強度；如何製成大面積、均勻的薄膜，以及長而連續又具均勻性的超導線材（或帶材）；如何減低超導元件的噪音（noise）；製作高穩定性兼具強磁通釘札能力的塊材（可用在軸承的應用等）等等問題。很明顯的，遠景雖然可觀，但要走的是一條荊棘遍地的路程。

此外，在高溫超導應用上最令人興奮的題目是：由於這些材料有許多異於傳統超導的特質，也就可能在研究過程中衍生新的應用方向。底下略述目前超導應用發展的現況：

（一）發展各種磊晶薄膜成長技術，初步解決超導元件發展的瓶頸。

（二）成功的展示（demonstrate）可調頻的微波濾波（filter）及共振（resonator）元件，但訊號的損耗問題仍待解決。

（三）應用超導量子干涉元件（SQUIDs）製作的原型（proto-type）設備，成功地展示在地質探勘（geology）、心電圖（cardi-ology）與非破壞性檢測（non-destructive evaluation）等應用上。

（四）發展新且具高效率的低溫致冷技術。

（五）成功的製作可負載三千安培，超過五十米長的高溫超導

線材。

（六）馬達的研究：於 27K 運轉的交流同步（AC synchronous）馬達，可得到 200HP 的馬力；於 4.2K 運轉的直流單極（DC homopolar）馬達，可得到 300HP 的馬力。

（七）瑞士已設置一以高溫超導線材製作，功率達到 630kVA 的大型變壓器（transformer）。

（八）美國已完成一用超導與半導體混合可承受 1.4kV 的限流器（fault current limiter）。

結語

高溫超導的發現，不僅帶動了凝態物理的發展，同時也預示繼半導體工業後，將邁入另一嶄新的科技工業時代。此外，由於科學家們面臨各種嚴苛的挑戰，使得目前已開發的技術更趨成熟。更重要的是，由於超導研究基本上需要結合具有不同專長集體合作的跨領域研究，學術界、應用研究機構及產業界必須緊密配合才能成功。相信在廿一世紀，我們可以達成大量應用超導的願景。那時，文首提及的飛行滑板或不再是天方夜譚。

（1999 年 12 月號）

分數量子霍爾效應
——新發現的量子流體

◎—孫允武

任教於中興大學物理系

二維電子與磁通量子的結合改變了電子的統計行為，形成具超流特性的量子流體，它的激發態是帶有分數倍基本電荷的準粒子。

1998 年的諾貝爾物理獎已經揭曉，頒給普林斯頓大學華裔教授崔琦（D. C. Tsui）、哥倫比亞大學及貝爾實驗室德裔教授史托馬（H. L. Störmer）和史丹佛大學的拉福林（R. B. Laughlin）教授，他們發現了一種具有分數電荷激發態的量子流體（quantumfluid）。[1]

發現的旅程

發現的旅程是由當時還在貝爾實驗室的崔琦、史托馬和一位與

---

1. 有關資訊可參考網站 http://www. nobel.se。

本次諾貝爾獎擦身而過的加瑟德（A. C. Gossard）在 1982 年發表的研究工作開始。他們將加瑟德提供夾在兩不同半導體晶體間界面的二維電子樣品，置於高於絕對溫度 0.5 度（攝氏零下 271.65 度）的低溫及超過地磁四十萬倍的強大磁場（約 20 Tesla），進行霍爾效應（Hall effect）的測量。很意外地，除了預知可由一個電子在磁場中運動量子化解釋的整數量子霍爾效應（integral quantum Hall effect，簡寫為 IQHE），[2] 還發現了所謂的分數量子霍爾效應（fractional quantum Hall effect，簡寫為 FQHE），二維電子系統在磁場中的行為遠較我們想像的豐富有趣。FQHE 的解釋是由拉福林在次年提出，認為二維電子系統由於和磁場的交互作用，形成一個電子和電子間具強關連性的超流基態；更新奇的是，這個系統的較低能量的激發態，是帶有分數倍基本電荷（e）的準粒子（quasiparticle），當然這裡和原子核內有類似帶分數電量的夸克（quark），是一點關係也沒有的。

---

2. IQHE 是在 1980 年發表〔K. von Klitzing, G. Dorda, M. Pepper, Phys. Rev. Lett. 45,494（1980）.〕，K. von Klitzing 以此發現獲得 1985 年之諾貝爾物理獎。

二維電子的世界

二維電子系統顧名思義是指電子僅能侷限在一個二維的平面運動。它是如何形成的呢？和一般的三維系統又有何不同呢？

二維電子其實並不是十分特殊罕見的東西，在電腦中的 CPU 或記憶體所使用的電晶體，[3] 就是利用侷限在矽與二氧化矽兩種材料間界面的二維電子來導電的，用來觀察 FQHE 的樣品品質要求遠比在記憶體中用的嚴苛。我們利用所謂分子束磊晶（molecular beam epitaxy）技術，在超高真空的腔體中一層一層準確地在基板上形成砷化鎵（GaAs）和砷化鋁鎵（AlGaAs）兩種不同半導體晶體接合在一起的結構（見圖一）。由於導電電子在砷化鎵中的位能較在砷化鋁鎵中低，而且提供導電電子的固定雜質位於砷化鋁鎵內離界面約幾百到幾千埃的平面，雜質游離後形成帶正電的離子會吸引電子，使得導電電子被限制在靠近界面的砷化鎵內，沿樣品平面方向則能自由運動。更重要的是在低溫的環境，排除晶格振動的影響，電子能夠越過十萬甚至百萬個原子不受到散射。

---

3. 這裡係指金氧半場效電晶體（MOSFET），基本原理是利用一二氧化矽絕緣層上的電極控制另一面和矽晶體交接界面的電子濃度，藉此改變導電的特性。

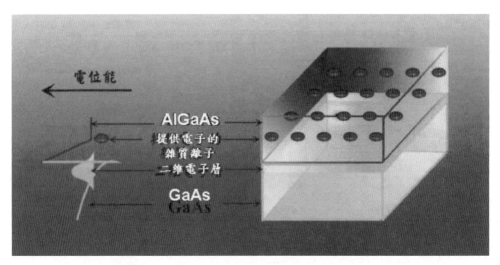

圖一：二維電子層形成於砷化（GaAs）和砷化鋁（AlGaAs）兩種不同半導體晶體的接面。

　　二維和三維系統在幾何結構上是很不一樣的。考慮圖二的兩個路徑，二維的路徑繞一圈必然有一交點，形成一封閉迴圈，三維路徑則未必。這個特性在考慮電子物質波的干涉時有很重大的影響。簡單的說，對於封閉的迴圈若電子要有穩定的量子狀態存在，物質波必須在該路徑上形成駐波，而對三維路徑則不一定需要。電子受到磁力作用會做圓周運動，只要不受到散射，便可形成一封閉路徑，合於駐波條件的波長決定電子的能量，由此簡單的量子化條件可得電子在磁場中的能量不是連續的，而是一系列間隔相等的能

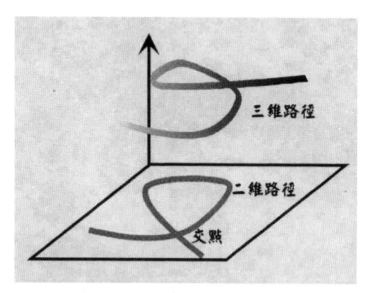

圖二：二維和三維系統的路徑。

階，我們通常稱為藍道級（Landau levels）。[4] 此外，二維的限制也造成電子在磁場中統計特性的一些有趣特性，後面再介紹。

霍爾效應

霍爾效應一直是物理學家研究導電材料的利器，早在 1879 年霍

---

4. 由這簡單的方法，可以得到電子的動能加上磁位能剛好是 nhvc，vc 是電子在磁場中做圓周運動的頻率，h 是菩朗克常數，n 則是駐波數。若以較嚴謹的方法可得(n+1/2)hvc。

爾（Edwin Hall）在約翰霍普金斯（Johns Hopkins University）大學作研究生時就發現了。通電流的導體中，運動的電子受磁場影響而偏移，造成導體兩邊電荷累積（見圖三），引發一與電流和磁場方向垂直的電場，到達穩定狀態時導電電子所受此電場的電力剛好抵消掉磁力，電流不再受磁場影響。

引發的電場可藉由測量導體兩側的電壓而得，此電壓稱做霍爾電壓（V_H），除以電流可得霍爾電阻（$R_H = V_H／I$），有別於一般的

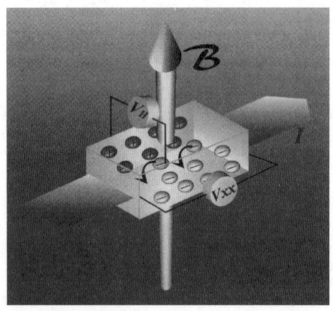

圖三：霍爾效應示意圖。

電阻（這裡稱做縱向電阻 $R_{xx} = V_{xx}/I$）。當磁場愈大時，所引發抵消磁力的電場也愈大，霍爾電壓（或電阻）也愈大，和磁場強度 B 成正比。圖四是古典霍爾效應中霍爾電阻（R_H）與縱向電阻（R_{xx}）對磁場強度的關係圖，R_H是一通過原點的直線，而

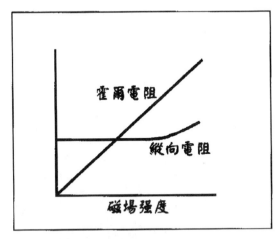

圖四：古典霍爾效應中霍爾電阻（R_H）與縱向電阻（R_{xx}）對磁場強度的關係圖。

R_{xx} 在低磁場時幾乎不變，在高磁場時微微上升。

二維電子系統的霍爾效應

圖五是二維電子系統在極低溫（絕對溫度 0.05 度）的環境所得到霍爾效應數據圖。令人訝異的，R_H對磁場的曲線不再是直線，而有許多階梯狀的平台（plateau）出現，這些平台所對應的霍爾電阻值恰為（h/e^2）（$1/v$），其中 v（即圖中箭頭上所標記的數）為整數或特定分母為奇數的分數，h 為菩朗克常數。當 v 為整數時，即所謂的 IQHE，所得之 h/e^2 可以準確到 0.045ppm！和所使用的樣品特性

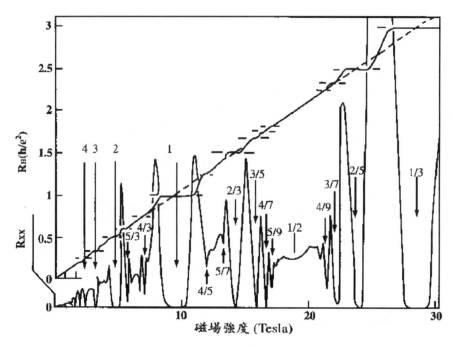

圖五：二維電子系統在絕對溫度 0.05 度的霍爾效應。

關係不大，因此定義 $R_k h / e^2 = 25,812.8056(12)\Omega$ （括弧內為最後兩位的誤差）為克立卿常數（Klitzing constant），是現行的國際電阻度量標準。v 為分數的部分即 FQHE，愈好的樣品所觀察到的細微結構愈多。

　　另一有趣的現象是，在霍爾電阻形成平台同時，二維電子的電阻（R_{xx}）降為零！是形成超導體了嗎？不論在 IQHE 或 FQHE，電子

運動時的確不受到碰撞，沒有阻力。為什麼？這些奇異數字n到底暗藏何種玄機？

磁通量子

要探究量子霍爾效應所隱藏的物理概念，必須先瞭解量子力學中對電子與磁場的描述。量子世界中的電子很自然的是一個帶電量為-e 的物質波（或機率分佈），電荷的基本單位就是 e。那麼磁場呢？由一些在二維電磁場變換特性（這裡是指規範轉換（gauge transform）的考量，最自然的物理量不是磁場，而是面積乘以和平面垂直方向磁場強度所定義的磁通量ϕ（magnetic flux），他的自然單位是$\phi 0 = h／e = 4.1 \times 10^{-7}G\ cm^2$，稱為磁通量子（magnetic flux quantum）。磁通量子非常小，以一般的地球磁場為例，每平方公分就有約一百萬個磁通量子。為什麼要選擇這樣的單位呢？磁通量並不像電荷那樣有對應的基本粒子。下面我們介紹磁通量子和電子有趣的量子力學特性，藉此培養一下對磁通量子的「感覺」。

圖六（a）表示在一封閉路徑有穩定量子狀態（機率波形成駐波）的電子，包圍一磁通量束ϕ。假想一個非常緩慢的步驟增加磁通量（dϕ／dt～0，在路徑上的感應電場可忽略），而且不改變路徑上的磁場，也就是電子所受到的電磁力不變，經過量子力學的分析發

現，若所加之磁通量非磁通量子的整數倍，例如說 0.1h/e〔如圖六（b）〕，會使電子沿封閉路徑走一圈時物質波相位改變，破壞原來合於駐波條件的穩定量子狀態；若所加之磁通量恰為一磁通量子或其整數倍〔圖六（c）〕，電子走一圈物質波相位的改變則為 2π 或 2π 的整數倍，並不影響原來量子狀態的機率分布。

糖葫蘆模型

QHE 中霍爾電阻量子化的神奇數字 ν 原來就是二維電子數目和穿過樣品的磁通量子數目的比值，定義做填充因子

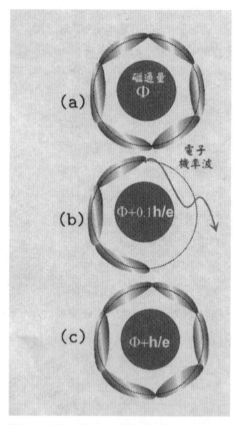

圖六：(a)在一封閉路徑有穩定量子狀態的電子包圍一磁通量束Φ；(b)若所加之磁通量非磁通量子的整數倍，會破壞原來的穩定量子狀態；(c)所加之磁通量恰為一磁通量子，並不影響原來量

（filling factor）。磁場愈高時，穿過樣品的磁通量子愈多，若電子數目固定，ν 就愈小，和磁場強度成反比。

當 v=1 時，代表平均每一個磁通量子分配到一個電子，而 v=2 或 3 則代表每個磁通量子分別分配到二個或三個電子。我們可以想像磁通量子是糖葫蘆的竹籤，而電子像是串在上面的蕃茄，v=1 可以一支竹籤插一個蕃茄表示，v=2 則是兩個蕃茄，其餘整數的情形可類推（見圖七）。那麼分數的情形呢？以 V=1／3 為例，一支竹籤插三分之一顆蕃茄嗎？電子可不像蕃茄可分割唷！我們只好用三支竹籤插一顆蕃茄了。圖八中除 v=1／3 外，還畫了 1／2 的情形。分子不為 1 的分數，如 2／5，糖葫蘆怎麼插呢？這跟對應這些分數的量子霍爾態形成的模型有關，後面再說明。但基本上，不管糖葫蘆怎麼插，v=2／5 是指兩個電子分配到五個磁通量子。

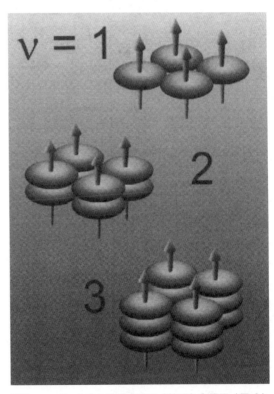

圖七：v＝1、2 或 3 時磁通量子（箭頭）和電子（圓球）分配示意圖。

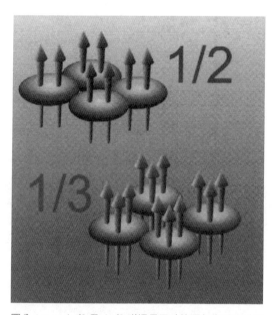

圖八：v ＝ 1／2 及 1／3 磁通量子（箭頭）和電子（圓球）分配示意圖。

填充因子還有一個看法，這和電子在磁場做圓周運動量子化所得之藍道級有關。藍道級和一般原子能級並不相同，原子內一個軌道只可填兩個不同自旋的電子，一個藍道級，若不考慮自旋，所能填的電子數恰等於穿過平面的磁通量子數。因此，填充因子也是藍道級被填滿的數目。

上面我們只是描述 v 的定義而已，並不能明顯看出不同的數目間有何區別？但實驗告訴我們二維電子系統的確在電子數目和磁通量子數目成一簡單整數比例時有特別的表現。許多有趣的物理現象，常常是發生在兩個物理量成簡單比例的時候，例如光在共振腔的共振、波的干涉等。

超流體

　　我們先回到圖五的數據，在對應到一些特定 v 值（例如 1、2 或 1／3、2／3 等）的磁場附近，電阻（R_{xx}）幾乎是零，相差太多時，電阻才增加。很顯然，在這些 v 值附近，二維電子和磁通量子形成了一種具超流特性（superfluidity）的狀態，就如同其他早期發現的量子流體一樣，如在極低溫的液態氦（1962、1978 及 1996 諾貝爾物理獎）和超導體（1913、1972 及 1987 諾貝爾物理獎）。這些具超流性的基態有幾個重要的共同特性，他們粒子間都有很強的關連性，一個粒子的運動會影響到其他粒子，而且這些系統最低能量的激發態（excited state）和基態間都有一個大小不為 0（有限值）的能隙（energy gap）。在極低的溫度，粒子不能獲得充分的能量克服能隙跳到激發態，而低能量的狀態又被其他粒子所佔滿，無處可去，如同在一擠滿人的窄巷，大家只能一起向前（或向後）走。「人在江湖，身不由己」正是超流體的寫照。另一種想法是能隙代表基態穩定的程度，任何從基態做很小的偏移或改變都需要有限值的能量。

　　對於 v 為整數的狀態，能隙的來源比較簡單。當整數個藍道級填滿時，其中一個電子要跳到較高能階時，至少要付出藍道級之間的能量差。當 v 為分數，例如 1／3 時，藍道級只填了 1／3，還有 2／3

部分尚未填滿，電子可以跑到其他有相同能量的空軌道，能隙要從哪裡來呢？別忘了電子間還有庫侖斥力要考慮！

不可壓縮的量子流體

拉福林認知到在分數填充因子所觀察到的現象是由於電子形成一不可壓縮的量子流體（incompressible quantum fluid）。壓縮一個系統，等效而言可說是改變電子密度，當固定面積及磁通量子數，就是改變電子數目。由於能隙的存在，不論加或減電子均需有限的能量，即很小量的改變密度需要有限的能量，他們的比值是系統可壓縮度的度量，幾乎為 0，故稱「不可壓縮」。

拉福林還提出 $v=1/m$（m 是奇數）分數狀態的多電子波函數，描述在量子流體基態所有電子的分佈及相互間的關係。N 電子波函數中最重要的部份是

$$\Phi 1/m=(z_1, z_2, z_3\cdots,z_N)= (z_1-z_2)^m (z_1-z_3)^m (z_2-z_3)^m\cdots(z_j-z_k)^m\cdots (z_{n-1}-z_n)^m ,$$

其中 z_j 是第 j 個電子的二維座標以複數表示，$z_j = x_j - iy_j$。其餘的只是將第 j 個電子分佈集中在位置 z_j 的指數衰減函數。我們簡單的看一下 $\Phi 1/m$ 的特性：

(1)很清楚的當兩個電子有相同位置的機率為零，因為任何 $z_j=$

z_k，$\Phi 1 / m = 0$。而且位置愈近，機率愈小。

⑵當 m 為奇數時，任兩個電子交換位置，波函數會多出一個負號，這個正好符合電子是費米子（fermion）的特性（在後面說明），m 是偶數時特性就不對了。

⑶圖九是貝爾實驗室所提供 m=3（v=1／3）電子分佈的電腦繪製圖像，[5] 假想第 2 到 N 個電子的位置固定，第 1 個電子在二維平面的機率分佈。綠色的球代表固定的電子，穿過他的三個箭頭即分配到的三個磁通量子（像不像火星人入侵？）。第一個電子的分佈會避開其他固定電子所在的位置，整個電子系統藉由互相避開而將庫侖斥力降到最低，基態到激發態間的能隙就是由這個電位能的降低所造成的。這裡還有一點要說明的，真實量子流體基態的電子分佈並非像圖九那樣，電子不可能固定於一點，而是到處流動，平均而言，分佈是均勻的。

圖九中分配給固定電子的磁通量子是穿過電子的中心和電子一起跑的，假如真是這樣的話，由於電子彼此間互相避開，電子在運動時除了自己本身的磁通量子，根本就碰不到其他的磁通量子，也就是說看不到磁場！是不是有些匪夷所思？

---

5. 此圖可自 http://www.belllabs.com/new/gallery/fqhe.html 下載。

圖九：貝爾實驗室所提供 n = 1／3 FQHE 量子流體的電子分佈圖。

帶分數電荷的準粒子

　　先總結一下對 FQHE 所提出的物理圖像：在填充因子 v 為 1／m
時（m 為奇數），一個電子分配到 m 個磁通量子，二維電子系統藉
由彼此避開的形式有效的降低庫侖斥力位能，形成一電子間有強關
連性的不可壓縮量子流體。對於不是 1／m 的狀態及所謂的「帶分數

基本電荷的準粒子」並未說明。我們先討論後者。

以最早崔琦等人發現的v=1／3FQHE基態為例，平均一個電子分配到三個磁通量子，形成一均勻的量子流體，如圖十（a）所示，具完美的超流性。假如情況不是那麼完美，少了一個磁通量子，如圖十（b），該部分可視為量子流體基態的「缺陷」，附近的流體會些微調整使得缺陷孤立出來，能量較基態為高，而其餘的部分仍然保持超流性。孤立出來的缺陷可以在流體中運動，能夠像粒子一樣定義出能量和動量，故稱為「準粒子」，他的帶電量就是「多」出來的三分之一電子的電荷，即$-e／3$。在 v=1／3 附近，少了幾個磁通量子就會形成幾個準粒子，而且這些準粒子運動時是會受到散射，跳到接近能量的空準粒子軌道，電阻不再是零。圖五在比 v=1／3 磁場小的部分，電阻（R_{xx}）增加，不再是超流體。可是還有一個問題？比 v=1／3 磁場小一點點時，應該就有準粒子形成，為何電阻還是零呢？這就要考慮樣品並不是百分之百的平整，平面上的電位能有高低起伏，當準粒子很少時，有些像少量的水在凹凸不平的水泥地面上會形成一個個互不相通的小水窪，根本就侷限在平面某處，不影響全樣品的導電性。當準粒子多到一定程度，如同水泥地上的水，可互相導通，便對樣品電阻有影響了。

若是多了一個磁通量子，如圖十（c），對電子而言，就是

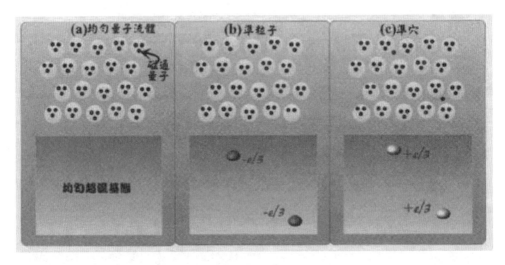

圖十：(a)均勻的超流基態；(b)少了一個磁通量子，形成準粒子；(c)若是多了一個磁通量子，形成準穴。

「少」了三分之一個電子，量子流體中會形成一個「穴」（hole）的缺陷四處流動，稱做「準穴」（quasi-hole），帶電量恰與多出三分之一電子所形成之準粒子相反，即+e／3，行為和準粒子類似。這裡要強調一下，所謂的準粒子或準穴都不是單一電子產生的行為，而是許多電子的集體行為（collective behavior）。

親子模型

拉福林認為，當磁場低於 v=1／3 很多，使得平均每兩個電子就有

一個準粒子（這時剛好二個電子擁有五個磁通量子，見圖十一），這些準粒子會形成自己的不可壓縮量子流體，稱做「子態」（daughter state），電阻又會降低到零，而原來 1／3 流體就稱做「母態」（parent state）。磁場再低下去，在 v=2／5 的子態中又會有準粒子產生，在適當的狀況，又會形成子態準粒

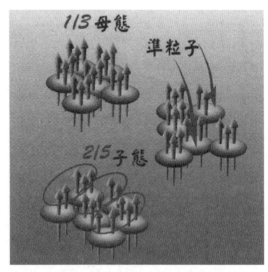

圖十一：v＝2／5 的 FQHE，平均每兩個電子就有一個準粒子，剛好二個電子擁有五個磁通量子。

子的不可壓縮量子流體，稱做「孫態」吧！？這個模型就稱做「階層模型」（hierarchical model），或叫「親子模型」也很貼切。愈多階的子態所含的準粒子就愈少，也就愈不穩定，不免有「一代不如一代」的現象，和圖五的數據十分吻合。這個理論不但告訴我們這些奇特填充因子所對應的量子基態是什麼，也預知哪些填充因子會有 FQHE 現象，更成功定性的解釋他們相對強度關係。

與磁通量子共舞

糖葫蘆只有一種串法嗎？美國紐約州立大學的傑恩（J. K. Jain）提出了另一種看法，他將一個電子和兩個磁通量子真的結合在一起稱做「複合費米子」（composite fermion），在 v=1／2 時就相當於是複合費米子在沒有磁場的狀況，但不會有超流現象，就和電子在零磁場的情況一樣。在 v=1／2 兩邊的 FQHE 就是這個複合費米子的 IQHE。用我們的糖葫蘆模型來看（圖十二），v=1／3 的 FQHE 就是已經插了兩根竹籤的蕃茄再多插一根竹籤，

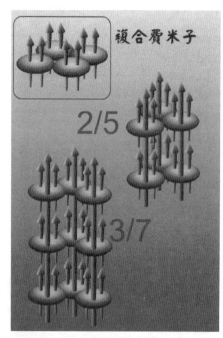

圖十二：v ＝ 1／3、2／5 及 3／7 的 FQHE 相當於複合費米子填充因子（v'）為 1、2 及 3 的 IQHE。

即複合費米子填充因子（v'）為 1 的 IQHE；v=2／5 就是一根竹籤串了兩個已經有兩根竹籤的蕃茄，即複合費米子 v'為 2 的 IQHE，其餘類推。原先傑恩提出這個想法主要是要寫下較高階量子流體的波函

數並計算其能量，結果非常成功，沒有想到電子真的和兩個磁通量子一起跑，後來的一些實驗證實真有複合費米子這回事。

統計特性的轉換

在量子的世界，電子是不可分辨的，我們不能指出誰是電子甲、誰是電子乙，兩個電子交換位置僅是在波函數前加個負號，並不會影響電子的組態，多個負號也不會改變機率分佈。交換位置會多出一個負號的粒子歸類為費米子。對應費米子的叫波色子（boson），兩個波色子交換，並不會改變波函數的符號，像光子、氦核等都是波色子。費米子和波色子還有一個很大的不同處，兩個費米子不能佔領同一個量子狀態（故又稱不合群粒子），而許多的波色子卻可跑到同一個量子狀態。尤其在很低的溫度，系統所有的波色子幾乎都處在同一最低能量的狀態，形成一巨觀的量子態，例如超流體的液氦、或超導體都是這樣來的。氦核是由兩個中子及兩個質子結合而成，質子、中子和核外的兩個電子都是費米子，在兩個氦原子交換時，各貢獻出一個（-1）的因子，共有偶數（6）個費米子，最後所得交換後的波函數并沒變號，成了波色子。而超導體則是材料中的電子成對的結合在一起（所謂的「Cooper pair」）成為波色子，這些電子對再凝聚（condensate）成超導態。

磁通量子和電子的結合呢？先考慮一個磁通量子和一個電子的複合體，兩個這樣的複合體交換位置。兩個粒子交換位置，若把一個粒子的位置固定，就相當於一粒子繞固定的粒子走半圈。一個電子繞一個磁通量子走一圈會產生 2π 的相位差，走半圈就只有 π 的相差，對波函數而言就是多了一個（-1）的因子。因此，上述的複合體交換位置時除了電子本身是費米子的一個（-1），還多了一個電子繞磁通量子半圈的（-1），結果波函數並不變號，成了波色子！如果再加一個磁通量子，一個電子兩個磁通量子的複合體，再多個（-1）即可，又變回費米子！一個電子三個磁通量子，又成了波色子！這裡我們得到一個非常有趣的結果，將磁通量子插在電子上，可以改變電子交換的特性，也就是電子的統計特性，費米子可以變成波色子，再變回費米子。

　　我們可以將 v=1／3 的 FQHE 視為一個電子三個磁通量子結合成的複合波色子（composite boson）凝聚成超流體基態的現象。而在 v=1／2，一個電子兩個磁通量子只能形成複合費米子，並不會有凝聚現象。統計特性的分析讓我們更深入的瞭解 FQHE 背後的物理圖像。

　　兩個帶分數基本電荷的準粒子交換結果又如何？結果所得波函數改變的因子不是 1 也不是（-1），而是一個複數，用相位來說是 π

的分數倍。這些二維的準粒子不是費米子，也不是波色子，他被稱為「任意子」（anyon），他的統計叫做分數統計。

還有什麼有趣的問題

最先崔琦他們要找的並不是量子流體的狀態，而是一種電子形成的晶體，所謂的 Wigner Crystal，一種「量子固體」。是不是在特定的情形量子流體會相變為量子固體？事實上二維電子系統在磁場中的相圖是非常豐富的，有超流態、金屬態、絕緣態，還有這些態間相變的特性，一直是物理學家注目的焦點。

另外還有一個有趣的題目我們未及碰觸，就是為什麼霍爾電阻形成的平台會這麼的準確？原因和前面所提到的規範不變性有關，嚴格的論述超出本文預設的程度。這裡提供一個有趣的想法：假如 $v=1/3$ FQHE 看成帶三個磁通量子的複合波色子的凝聚態，根據本文前面所說，波色子感受不到磁場，何來的霍爾電壓呢？關鍵在磁通量子在運動，會產生感應電動勢，而磁通量子的流量是電子流的三倍，將感應電動勢除以電流恰可得霍爾電阻，和導電的電子數無關。（當作習題吧？）

二維系統的邊界細究起來也大有問題。電子密度到邊界時會愈來愈小，到樣品外則為零。當系統中為例如說 $v=1/3$ 的 FQHE，邊

界的 ν 必然小於 1／3，會發生什麼事？理論很多，有一種是說二維 FQHE 的邊界會形成一種特殊的一維量子流體，叫做 Luttinger liquid。

後記

FQHE 的發展過程可當作一個解決物理問題的典範（para-digm），從最早的實驗發現，理論的解釋，到更多的實驗發現，更多理論的發展，聚合了原來在物理不同領域的理論工具，尤其是規範場論，進入凝態物理的範疇，十幾年來獲得豐碩的成果。

在這一簡短的文章中，僅能盡量將現象及物理圖像以較不艱澀的說法呈現給讀者，一般讀者要完全理解是不可能的，但觀念應該很容易抓到。

（1998 年 12 月號）

微電子科技的發展

◎──施敏

任職國家毫微米實驗室主任

1959 年，世界第一個單晶石積體電路申請了美國的專利，由此開創了微電子時
代。如今正好滿四十週年。這四十年來有不少重要的成就，而未來也有不少新的
挑戰，值得我們去探究。

1959 年，世界第一個單晶石積體電路（momo-lithic integrated cir-
cuit）申請了美國的專利，由此開創了微電子學的時代。當初做
的積體電路非常簡單，只用了六個元件，是一個基本的正反器（flip
flop），包括了四個雙極電晶體（bipolar transistor）和兩個電阻。用
新的名詞來說，就是靜態隨機存取記憶體（static random access mem-
ory，簡稱 SRAM）。從那一年開始，積體電路的發展就非常的快，
如今正好滿四十週年。這四十年來有不少重要的成就，而未來也有
不少的挑戰，等待我們去探究。

新的發明會創造自己的用途

在詳細介紹之前，先介紹一個科技輔助定律，這是一個很重要的基本觀念："The principal applications of any sufficiently new and innovative technology always have been-and will continue to be-applications created by that technology"，就是「任何一個真正新的發明，它會自己創造自己的用途」。什麼意思呢？舉個例來說，當雷射發明的時候，我們都不知道雷射能做什麼用。但後來雷射創造了它自己新的用途，像 CD、DVD 等雷射唱盤，還有其他跟雷射有關的光纖通訊，這些用途在沒有雷射之前是不存在的。同樣地，像我個人發明的非揮發性記憶體；在未發明以前，數位照相機、大哥大、IC 金融卡和其他相關的東西通通都沒有，很多跟可攜帶（portable）有關的系統也全部都沒有，所以非揮發性記憶體創造了它自己的用途。因此研究生發明一樣東西給指導教授看，指導教授說那沒有用，那當然沒有用了，因為大家都還不知道能做什麼用，因為用途還沒有被創造。這是很重要的一個觀念。

非揮發性記憶體

電晶體的發明是一個很大的進步。在 1947 年 12 月發明了以後，

影響非常大。從那時起，開始了我們新電子時代。舉例來說，我們最新的大哥大如果是用真空管來做的話，那他的體積就會跟美國華盛頓的紀念碑一樣大。因為積體電路的體積比真空管的大概縮小了一百萬倍到一千萬倍。因此電晶體的發明，可說是一大成就。

　　非揮發性記憶體的基本上結構如圖一所示，重要的地方在於圖上標示 M 及 I 的地方。其中 I（1）很薄，是便於 M（2）加電壓時吸引在半導體中的帶電粒子透過 I（1）而到 M（2）中。當 M（2）不再外加電壓時，帶電粒子不能夠再移動而被儲存在 M（2）乃中。這就是所謂的記憶，而 M（1）是夾在兩絕緣體間，即所謂的「浮閘」

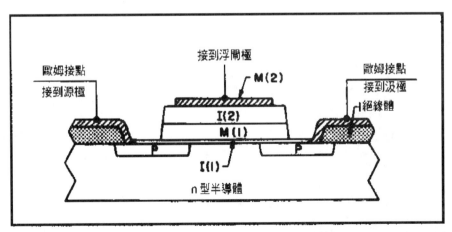

圖一：浮閘記憶體。其中 M（Metal）代表金屬，I（Insulator）代表絕緣體，其後括弧內的數字只是用於標明順序而已。

（floating gate）。

　　此記憶體的影響很大，尤其是在九〇年代以後。在 1950 年的時候，雙極電晶體剛剛發明，是當時的科技推動力，也就是整個技術是以雙極電晶體為支柱。我們可以參考圖二，這個圖是電子工業在各個年代重要元件的相對市場行銷值。很明顯地，1950 年代是雙極電晶體的天下。到了 1970 年的時候，電子工業主要是動態隨機存取記憶體（dynamic random access memory，簡稱 DRAM）和中央處理器（central processing unit，簡稱 CPU）。從 1990 年開始，就轉移到我們的非揮發性記憶體（memory）了。因為我們發現大家很喜歡用可隨身攜帶（portable）的東西，而此種記憶體最省電，適用於製作此類的電器用

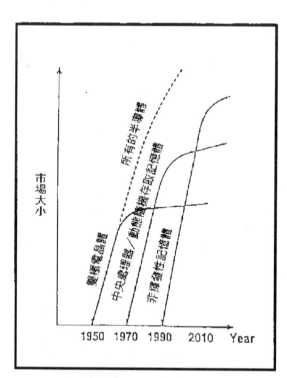

圖二：電子工業在各個年代的技術推動力

品。像十年以前，全台灣的大哥大只有一萬支左右，而且價格很高；現在台灣已有七百萬支，增加了差不多有五百倍。以全世界來說，全世界現在有兩億五仟萬支大哥大，而且今年可能增加一億支，主要就是因為可隨身攜帶，很方便，所以大家很喜歡用。另外一些東西，像是筆記型電腦、數位錄音機、數位照相機及 IC 金融卡等，幾乎都用到非揮發性記憶體。所以它可以稱得上是現代的電子科技的推動力。

半導體工業的發展

從 1980 年到 2010 年我們可看到，四項工業發展情形（圖三）。最上面是我們全世界的國民生產毛額。電子工業在去年超過了汽車工業，變成全世界最大的工業，達一兆美元。另外一個很有趣的現象，是鋼鐵工業最近幾十年都沒有什麼成長。這條線不只代表了鋼鐵工業，也可代表航太工業，飛機工業大概都是兩千億左右，和鋼鐵工業差不多。而半導體的進步可說是相當的快，再過幾年半導體工業就會超過鋼鐵工業。從圖三來看，汽車工業的發展趨勢大概是6%，電子工業大概是7%，半導體大概是15%，因此我們可以看到半導體的發展相當的迅速。

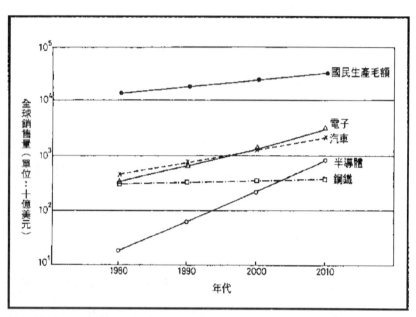

圖三：各項工業在各年度的全世界總值

　　在半導體方面，去年全世界大概是一千五百億美元左右，台灣約占有八十億。估計十二年之後，即 2010 年，將成長到六千億，台灣的半導體則可能接近六百億。換句話說，台灣的半導體將從占全世界的 5%增加到 10%。未來的十年，整個台灣將投資五百億美元在半導體工業上。這是很大的投資。而這些投資的背後需要的就是人。初步估計，未來十年大概每年平均需要六千位電子方面的人才。

電腦可分成七級（圖四），最簡單的就是口袋型（pocket），像是計算器（Calculator）；稍微複雜點，就是攜帶型電腦（portable computer）：接著面是個人電腦（personal computer）；再高一級就叫做工作站（work station）；再來是迷你型電腦（mini computer）；更上層是大型電腦（mainframe）；而最高等級的是超級電腦（super computer）。所以，由此圖我們可以發現，在 1970 年左右的 Crayl 是屬於超級電腦，和我們現在 1998 年的 pentium PC 的效能完全一樣

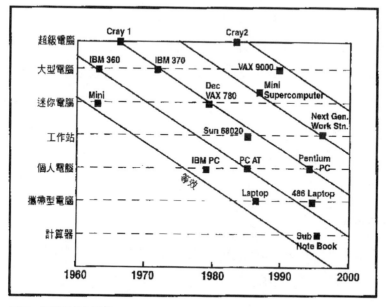

圖四：電腦科技的發展

（圖中每一條線代表同級的計算能力）。換句話說，當年的超級電腦和現在的 pentium PC 有同樣的功能。由此圖我們可以看到這幾十年來電腦科技的發展情形。

摩爾定律

Moore 在 1960 年預測半導體發展趨勢，認為以半導體每單位面積的元件數來說，會每三年增加四倍。所以根據摩爾定律（Moore's law），像是 DRAM，包括一個金屬氧化矽（mental-oxide-silicon，簡稱 MOSFET）和一個電容，在同樣面積下每三年增加四倍，亦即其所占面積縮小為原來的四分之一（圖五）。我們可以看出，從以前 64Kb 到現在 64Mb，然後 256Mb，再過幾年，就這樣 4、16、64G 一直增加上去。那元件大小，從 $2\mu m$ 往下降，1.4、1.0、0.7，現在已經到 $0.18\mu m$。現在台灣的半導體產業對全世界有很大的影響，連美國的股票都因為我們地震而跌了。

未來的三個挑戰

我們未來還有很多的挑戰，也就是說摩爾定律的趨勢還能夠維持多久？會遇到那些問題？我們推測至少有三個挑戰，一是基本限制的問題；二是實際的問題；三是經濟的問題。基本限制的問題包

括微影術、元件本身以及連接線的問題；那實際的挑戰，包括元件大小的準確控制及其可靠度等，也就是生產線上實際會碰到的問題。經濟的問題包括我們投資額越來越貴。現在一個半導體工廠，至少投資三十億美元，再過幾年之後，可能要到三百億美元，所以我們要想辦法降低它的投

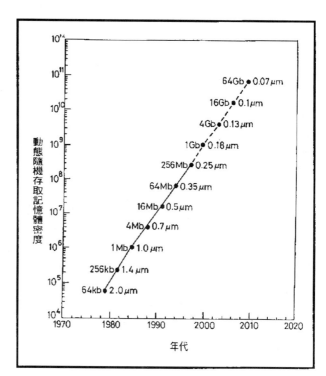

圖五：摩爾定律

資額。此外，新的應用也相當需要，生產了那麼多東西，大規模的生產到底做什麼用？是不是真的有用？

　　底下僅就基本限制的問題詳細討論，首先介紹微影術：所謂的微影術是利用光線將微小元件的造型投影在半導體上。一般我們常用最小特徵長度來描述元件大小，此情和我們的光線波長差不多大

小。舉個例子，我們現在已經到 0.18m，那光線的波長也差不多
0.18m。現在最先進的顯影機器所用光線的波長篇 0.193m。但是這個
機器現在很貴，如果要買一台的話，至少要一千萬美元。然而即使
用這個機器也只能支持兩個世代（電子工業每個世代意指三年），
到第三個世代就不行了（也就是再過六年）。當然我們還有別的顯
影技術可選擇，有電子投射顯影術（electron projection lithography，
簡稱 EPL）、超短紫外線顯影術（extreme ultra violet）、電子直寫術
（electron beam direct writing）或是離子束投射顯影術（ion beam pro-
jection lithograPhy）。但是這些技術所使用的機器更是昂貴，沒有一
種是在一千萬美金以下的，而且是不是有用還不知道。

　　接下來是元件本身的問題，由於我們將元件縮小，其特性並非
成比例縮小，尤其是受到量子效應的影響，使我們受到很大的限
制。例如我們用閘極氧化物（gate oxide），如圖一所示的 I（1）及 I
（2），現在已經接近 2nm，就產生很嚴重的穿透效應，此即是我所
謂的限制。所以有人就提出新的元件。譬如胡振明教授，他就做出
來全世界最小的（只有 17nm）元件。另外就是單電子電晶體，每次
傳遞訊號就以一個電子來運作。為了配合這些元件的要求，我們有
一些新的材料需要研究，以便適用於該元件的需要。例如連接線的
研究起因於元件的密度越來越大，使得它們之間的連接導線也越來

越多。訊號必須經過這些導線勢必需要更多的時間；導線越多的結果限制了整個電路工作的速度。目前認為解決這個問題的方法之一就是以銅線代替鋁線，因為前者有較好的導電度，以及較高之離子移動耐性。

結語

　　預計在西元 2020 年，全世界三十個最大的工業中，有二十二個與微電子有關，整個銷售額大概有五兆美元。所以即使微電子科技未來有這麼多的挑戰但相信只要更加努力發展，一定能夠戰勝各種挑戰。所以，將來以微電子科技為基礎的電子工業的前途是非常光明的。

（編註：本文由施敏口述，林宜學錄音整理。）

（1999 年 11 月號）

為什麼是碳而不是矽？

◎—許家偉

就讀於陽明大學微免所博士班

如果分析一下地球上所有無生命物質的元素成分，與生物體的元素成分，並作一比較的話，你會發現兩者有非常大的出入（圖一）。地殼（crust）包括石頭、土壤、沙粒及其他無機物質等，它們最主要的三種元素分別為氧（oxygen, O）、矽（silicon, Si）及鋁（aluminium, Al），它們總共占了地球總元素成分的九成！

反觀生活在這個星球上的生物體：如人類、魚類、植物及其他的生命體，當中最主要的三種元素分別為氫（hydrogen, H），氧及碳（carbon, C），它們總共占了總成分的99%之多。而當中雖然碳原子只在「排行榜」中占第三位（7.5%），但它的重要性並非排行第一及第二位的氫及氧原子所能比擬。因為碳原子能夠組成長鏈結構，這種結構是生命物質中幾乎所有巨分子（macromolecules）最基本及典型的骨架；舉例來說：碳水化合物（carbohydrates）、脂肪（lipids）、蛋白質（proteins）及核酸（nucleic acids）等，它們的主

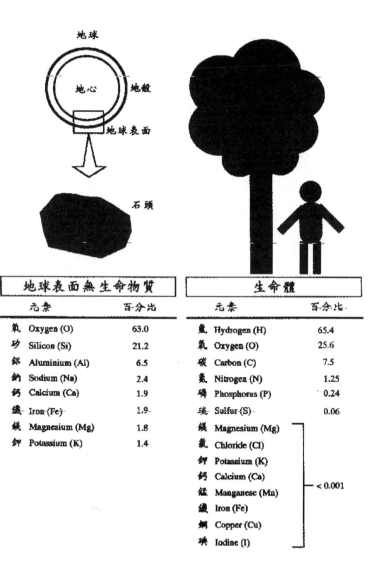

圖一：地球表面無生命物質與生命體中各元素含量之比較圖。

要分子骨架都是以長長或環狀的碳鏈為主！

令人疑惑的碳與矽

如果細心地比較地球的三大成分與生物體的三大成分，你可以發現在地殼含量居第二多的矽元素（占地球總成分的 21.2%），以及在生物體中第三大量的碳元素（占生命物質總成分的 7.5%），都是同屬於週期表（periodic table）中的 4A 族元素（圖二）。

只要曾經念過普通化學課程的人都知道，在週期表中處在同一族的元素，都或多或少具有相同的化學和物理特質。既然碳與矽為

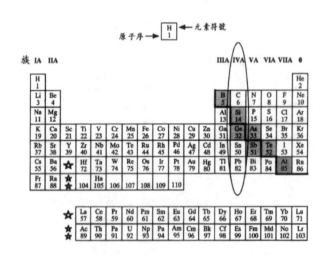

圖二：元素週期表

同一族的元素，那麼就代表他們兩者都應該擁有差不多的原子、分子特性，也可以具備相類似的化。

目前元素共一百一十個，其中第104及106～110元素之命名未被國際純粹與應用化學聯合會（IUPAC）確認，故此空白。第IVA族元素用圈圈起來。

灰色標示元素以左為金屬元素，灰色標示元素以右為非金屬元素。

☆為鑭系過渡元素

☆☆為錒系過渡元素學反應，那麼為何生物體偏要選擇利用碳原子來組成生命的要素呢？

而從元素的含量與分佈情況也產生相同的疑惑：既然地殼中蘊含那麼大量的矽，為何生命體不「順便」使用這垂手可得的元素呢？而偏偏利用碳原子作為生命物質的「最佳主角」呢？

碳與矽的電子排列

在解決上述問題之前，首先讓我們瞭解一下碳與矽兩者的電子組態（electron configuration）。

的確，同一族中的元素都會有相似的元素特性，就兩者的電子組態而言，都是以 ns^2np^2 形式存在的（表一），換句話說它們都有四

粒價電子（valence electrons）存在於最外層的電子殼（shell）中。也是因為這種同一族中的價電子排列的相似，使同族中各原子的特性都非常的類似，但碳原子與同族中其他的原子始終有些不同的地方，而這些不同之處正驅使碳原子擔任生命體中最重要的角色。

表一：第 IVA 族元素之電子排列

元素 中文	元素 英文	符號	原子序	電子排列
碳	Cartbou	C	6	$1s^2\,2s^2\,2p^2$ (2, 4)
矽	Silicon	Si	14	$1s^2\,2s^2\,2p^6\,3s^2\,3p^2$ (2, 8, 4)
鍺	Germanium	Ge	32	$1s^2\,2s^2\,2p^6\,3s^2\,3p^6\,3d^{10}\,4s^2\,4p^2$ (2, 8, 18, 4)
錫	Tin	Sn	50	$1s^2\,2s^2\,2p^6\,3s^2\,3p^6\,3d^{10}\,4s^2\,4p^6\,4d^{10}\,5s^2\,5p^2$ (2, 8, 18, 18, 4)
鉛	Lead	Pb	82	$1s^2\,2s^2\,2p^6\,3s^2\,3p^6\,3d^{10}\,4s^2\,4p^6\,4d^{10}\,4f^{14}\,5s^2\,5p^6\,5d^{10}\,6s^2\,6p^2$ (2, 8, 18, 32, 18, 4)

原子大小

「棄矽保碳」的第一個原因是與原子大小有關。

基本上，我們可以發現在同一族的元素中，原子序越大，原子半徑就相對的越長（表二）。例如碳原子的原子序為 6，其原子半徑只有 77pm 那麼長，但矽的原子序為 14，它的原子半徑就有 117pm 那

麼長（表二）；因此當原子進行自我相連（self-linkage）要構成同類長鏈結構時，本身原子半徑越長的原子所形成的鍵結就會越脆弱，因為相對的鍵結能量會隨著原子半徑的延長而下降（表三）；那麼，可想而知，鍵結就越容易斷裂，越不適合組成生命體的巨分子長鏈結構，也就越不適合應用在生命體當中。碳原子的原子半徑比矽原子的原子半徑短，鍵結能量也就比矽與矽所組成能量來得高，鍵結的斷裂機會也比矽原子所組成的長鏈來得少，那麼，碳原子在這一點上就脫穎而出了。

表二：第 IVA 族元素之物理性質比較

	碳 (Cubon; C)	矽 (Silicon; Si)	鍺 (Germanlum; Ge)	錫 (Tim; Sn)	鉛 (Lead; Pb)
溶點(°C)	> 3550（鑽石） 3652–3697（石基）	1420	959	232	327
準點(°C)	4827	2355	2700	2360	1755
原子序	6	14	32	50	82
原子半徑(pm)	77	117	122	141	154
電離能(kj/mol:0 k)					
第一組電子	1090	783	782	704	714
第二組電子	2350	1570	1530	1400	1450
第三組電子	4620	3230	3290	2940	3090
第四組電子	6220	4350	4390	3800	4060
陰電性	2.6	1.9	2.0	2.0	2.3

表三：第 IVA 族元素自我聯結鍵結間之能量

原子間鍵結	鍵結能量 (kL/mol)	鍵結斷裂機會
C-C	347	
Si-Si	226	遞減
Ge-Ge	188	
Sn-Sn	155	遞增

鍵結傾向

第二個原因是從碳原子的鍵結能量所反應出來的碳原子結合傾向。

從鍵結能量中發現，碳原子自己與自己或與別的原子（如氧、氫或氯）的鍵結能量均差不多（由 326 KJ／mol 到 414 KJ／mol）（表三），這表示碳原子組成鍵結並沒有特別的「癖好」。

但反觀矽原子，矽與矽之間的鍵結能量是 226 KJ/mol，比矽與其他原子（如氧、氫或氯）所組合的鍵結能量都來得低（介於 328～391 KJ／mol 之間）（表三），這代表矽比較傾向與別的元素結合，而不傾向以自己結合來組成長鏈。就這一點來看，碳原子比較容易與自己聯結並形成長鏈結構，反而矽原子似乎沒有這種傾向，因此碳原子比矽原子更適合於用在生命體中組成結構性的長鏈巨分子。碳原子又一次的雀屏中選了。

鍵結性質所導致的相性

第三個原因與碳和氧的分子性質有關。

碳原子有 S 及 P 兩種軌域（orbitals），可以形成單鍵模式的σ鍵結（sigma bond 或σ bond）；也可以利用 p 軌域去形成π鍵結（pi bond 或 π bond），這也是雙鍵及參鍵的鍵結模式。就因為這樣，使碳原子利用σ鍵和π鍵，與兩個氧原子形成生命體系中不可或缺的二氧化碳（CO_2）分子（圖三），而這分子則是以氣相形式自由且穩定地存在於空氣中，甚至可以溶於水中；而從另外一個角度來看，二氧化碳參與植物的光合作用，使碳原子在自然界中不斷循環，提供一個生生不息的管道。

相反的，矽原子的能階有三層（表一），使矽出現雙鍵的組合很罕見，而由鍺原子開始，也出現 d 軌域（表一），使這些原

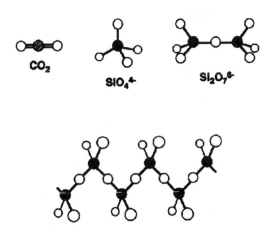

◎為碳原子　○為氧原子　●為矽原子

圖三：碳或矽原子與氧原子之結合模型

子出現多於四個鍵結的情況，如 SiF_6^{2-} 及 $SiCl_6^{2-}$ 這種離子組合。矽原子與氧原子的結合模式也只能用單鍵，而所組合出來的二氧化矽（SiO_2）分子有淨價電子存在，需要與另外的二氧化矽的分子相互結合，最後才能形成一種穩定的、非揮發性的三度空間網狀晶體，如 SiO_4^{4-}、$Si_2O_7^{6-}$、$Si_3O_9^{6-}$、$Si_6O_{18}^{12-}$、（$Si_2O_5^{2-}$）n 或（$Si_4O_{11}^{6-}$）n（圖三），都是固相形式，而不像二氧化矽分子般飄遊四周。就這一點來看，碳原子比矽原子好用多了。

碳是非金屬元素

第四個原因與原子的導電性有關。

通常，在週期表中我們可以把元素簡單地劃分成可導電的金屬元素及不能導電的非金屬元素兩類（圖二），但在兩類元素的分界處，有些元素是屬於半導體元素（semiconducting elements），導電性也介乎於金屬及非金屬之間。

在第 4A 族的元素中，只有碳元素屬於真正的非金屬元素，矽及鍺為半導體元素，而錫及鉛則是金屬元素。那麼，選擇利用碳原子來作為生命物體的重要分子，就有其獨特的導電性的考量了。

結語

　　「為什麼是碳而不是矽」（Why carbon, but not silicon）這個問題的確非常有趣，而答案卻出人意表的非常化學。

　　結合上述各點，碳原子以「四不」──不大、不挑、不是固相、不導電──的特質，使它能成為生命體中傲視同群的最佳原子，構成幾乎所有生命物質的主要成分。

　　如果下次遇到有人問你為什麼生命體主要由碳元素構成時，你就可以斬釘截鐵地說：「是碳不是矽」（Carbon, not silicon）。

（1995 年 11 月號）

參考資料

1. Curits, H.and Barnes, N.S. In: Biology　（Fifth edition）. Chapter 3: Organic Molecules, pp.55-83. Worth Publishers, Inc. 1989.

2. Mortimer, C.E.In: Chemistry（Sixthedition）. Chapter 24: The Nonmetals, Part IV: Carbon, Silicon, Boron, and the Noble Gases. pp. 659-679. Wadsworth, Inc. 1986.

3. Postlethwait, J.H. and Hopson, J.L. In: The Nature of Life. Chapter 2:Atoms,molecules, and life: pp.26-57. McGrawHill Publishing Company. 1989.

4. Routh, J.I. Eyman, D.P. and Burton, D.J.In: Essentials of General, Organic and Biochemistry（Third edition）. Chapter 8:Some Chemistry of Nonmetallic Elements. pp. 162-183. W.B. Saunders Company. 1977.

人造衛星是怎樣發射的？

◎—張以棣

任教於美國史丹福大學航空及太空系

隨著「亞洲一號」衛星進入軌道，人造衛星又成為熱門的話題。最常聽到的兩個疑問是：發射人造衛星到底有多困難？要花多少錢？這樣的問題，一下子是很難回答的。因為衛星種類很多，功能既不同，發射難度相差也很大。例如一般人最有興趣的「大耳朵」、「小耳朵」，就是最最難的。目前只有美國、蘇聯、法國（ESA）、中國大陸及日本五國，有發射能力。其餘國家，在十年、八年內可以免談。因此，第一步要問的是：人造衛星有那些類別？功能上有甚麼不同？是怎樣發射的？火箭發射能力要多大？牽聯到那些科技？我們目標是那一類衛星？有了這些初步了解和共識，才可以進一步來討論。

在開始正文之前，必須提醒兩點。第一，衛星和火箭基本上是兩樣東西，不應當混為一談。火箭（或載運火箭）是用以投射衛星，而衛星則是火箭投射的載荷（payload）。在圖一及圖二區分得

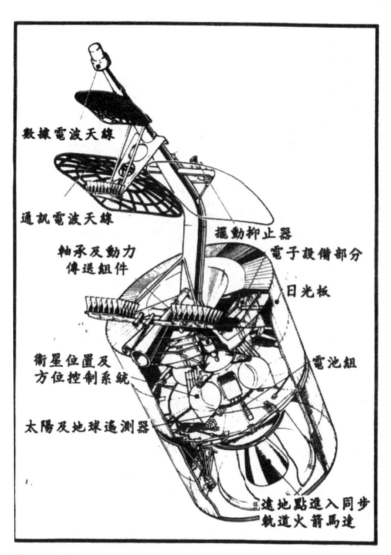

數據電波天線

通訊電波天線

軸承及動力
傳送組件

衛星位置及
方位控制系統

太陽及地球遙測器

擺動抑止器

電子設備部分

日光板

電池組

遠地點進入同步
軌道火箭馬達

圖一：通信衛星的內部構造

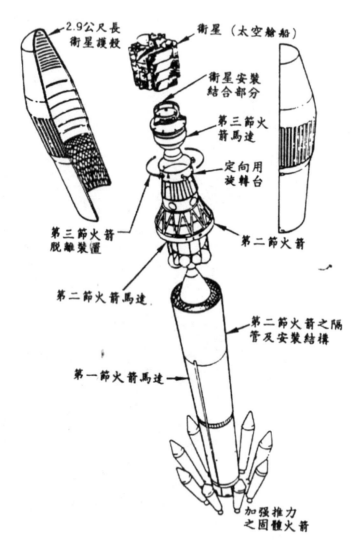

2.9公尺長
衛星護殼

衛星（太空艙船）

衛星安裝
結合部分

第三節火
箭馬達

定向用
旋轉台

第三節火箭
脫離裝置

第二節火箭

第二節火箭馬達

第二節火箭之隔
管及安裝結構

第一節火箭馬達

加強推力
之固體火箭

圖二：新型 Delta 6925 及 7925 型載運火箭及其分離裝置。

很清楚。事實上，這兩件物事，在美國是由不同性質的公司分別承製的。

第二從技術層面來說，衛星和火箭也有些重要的差異。在發展衛星方面來說，一般是起步不難，求精不易，求商業化更難。比如，美國業餘無線電協會自行發展的一系列 OSCAR 通訊衛星，就是在加州史丹福大學附近一所社區學院（Foothill College）開始的。在另一方面，一具精密高性能的軍用偵察衛星，本身價值即可高達數億美元。最重要的衛星基本用途是通信，可大可小。花上幾千美金，幾個月時間，也可趕製一具粗陋的衛星，如日本首次發射成功的 Ohsumi 衛星全重為 24 公斤，而美國第一次進入軌道的 xplorer 1 衛星，本身僅重 4.76 公斤。

相反的，投射衛星進入軌道的火箭，必須具有一定技術水平。不到達這個起碼標準，根本談不上發射衛星。因此，雖然火箭說起來每個國家都有，非常普遍，但確曾多次發射衛星成功，被公認為「太空俱樂部」的會員國，迄今不過八個國家而已（見表一）。一些向美國公司購製通信衛星，委託美國或法國發射的國家，如印尼、加拿大、沙烏地阿拉伯、澳大利亞等國，都只是人造衛星的擁有者或使用國而已。至於曾發射高空火箭的巴西，以及不久前傳聞用購來的飛彈發射衛星，短期進入軌道但不久墜毀的伊拉克，都不

表一：自力發射人造衛星成功之國家及其首次紀錄

排名次序*	國別	衛星		發射火箭		發射地點		軌道高度及仰角		發射年月日
		名稱	重量（kg）	名稱	最大推力（kg）	發射站名稱	緯度及經度	近點×遠點（公里）	仰角	
1	蘇聯	Sputnik 1	83.60	SS-6 Sapwood（洲際飛彈）	398,066	Tyuratam（Baikonur）	46° N, 63.2° E	229×947	65°	1957.10.4
2	美國	Explorer 1	4.76	Juno 1（Jupiterc）	37,648	Cape Canaveral（甘迺迪太空中心）	28.5° N, 80.6 E	360×2,533	65°	1958.1.31
3	法國	A-1（Asterix）	79.83	Diamant A	29,937	Hammaguir（非洲沙哈拉沙漠）	23° N, 1.4° W	562×1,768	34°	1965.11.6
4	日本	Osumi	24.04	Lambda 4S	19,403	鹿兒島	31.2° N, 131.1° E	341×5,139	31°	1970.2.11
5	中國大陸	東方紅一號	172.82	長征一號	150,025	甘肅酒泉	44.3° N, 99.8° E	442×2,386	68.4°	1970.4.24
6	英國	R-3 Prospero	65.77	Black arrow	23,621	Woomera（澳大利亞）	31.2° S, 136.4° E	547×1,582	82°	1971.10.28
7	印度	Rohini 1B	34.93	SLV-3	55,311	Sriharikota	13.8° N, 80.3° E	306×918	44.7°	1980.7.18
8	以色列	Offeq-1（Horizon）	155.58	Shavit（Comet）	91,897（7）	Negev 沙漠某地	30.3° N, 34.4° E	250×1,152	142.86°	1988.9.19

*依首次發射繞地衛星成功之日期排列

能算是發射衛星成功的國家。因為在火箭史上，這類功敗垂成的例
子並不鮮見。例如美國在 1961 年 8 月 25 日編號 ST-6 的 Scout 火箭，

由於三節及四節火箭分離欠佳，於進入軌道後，最低點距地面僅 99 公里，三天後即墜毀，被判為發射失敗，就是一個例子。

人造衛星的軌道

人造衛星有通信、氣象、資源、軍用等不同種類。但談到發射的難度，則最好依其軌道來區分。例如低空衛星（low earth orbit 或 LEO）、太陽同步衛星（sun-synchronous）、地球同步衛星（geos-synchronous）、Molniya 衛星等等。在討論這些不同衛星之前，先談談一些有關衛星軌道的常識。

一、沿軌道循行速（orbital velocity）

我們都知道在軌道上運行的衛星，是要靠離心力與星球引力相平衡，才能維持不墜的。因此，發射衛星的第一項條件，就是要有力量夠大的火箭，把衛星推到必須達到的速度。例如：184 公里高度的低空衛星，所需要的軌道速度是每秒約 7,800 公尺。火箭要能把衛星從地面射向太空，並以這個速度進入軌道，才能成功。一般而言，火箭從地面發射，經過空氣阻力及地球重力的耗損，會消耗掉大約每秒 1,200～1,500 公尺的速度。因此，要發射衛星進入 184 公里低空軌道，火箭必須具有推動衛星到達每秒 9,100～9,500 公尺的能力

才行。

在火箭離地升空而未進入軌道之前，火箭沿著弧形軌道，用火箭馬達向前推進（見圖五及九）在這段「動力加速升高」（powered ascent）期間，火箭重量顯然還不能完全被離心力平衡，而必須馬達在加速之外，另外耗費燃料產生額外的推力來抵消，因此，這段加速升空時間，原則上是愈短愈好，（普通在十分鐘左右）以這樣短短的時間，要把一具重量可達數百噸的火箭加速到每秒 9,140 公尺也就是每小時 33,000 公里的速度，顯然非用極大的推力不可。而增加火箭推力，只有兩個辦法。一是提高噴氣速度，例如用液體燃料但亦有限度。一是每秒內噴出更大量氣體，這一來就必須攜帶大量燃料，而火箭總重也隨之大大增加。

以上所說的一些因素，產生了下面的重要後果：（一）一具重逾數百噸高達 30 公尺以上的通信衛星發射火箭，內部主要是燃料，重量通常占總重 80%以上。（二）實際火箭投入低空軌道之有用載重，實仍篓篓之數！通常僅只有總重 1%左右。（三）在起飛離地時，需要驚人的推力，經常高達兩百噸以上。離地之後，隨著燃料的大量噴洩，火箭迅速加快。其結構重量，漸嫌過高，應該逐步丟棄，以減輕重量，因此一般發射衛星火箭，包括太空梭在內都是多節火箭。（四）通信衛星的重量，當然是愈大愈好。目前的情形是

1300～2600 公斤之間，因而所需之投射火箭就變得巨大價昂，一般離地時總重在 200～700 噸之間。本文未詳談之太空梭（spaceshuttle），可攜帶 30 噸（65000 磅）載荷進入低空軌道。這種也不算太新的太空運輸工具離地時重 2,250 噸，火箭總推力 3,750 噸，單位造價超過二十億美元（相當五百三十億臺幣）。

二、衛星的週期

衛星繞行一周的時間，隨軌道的半徑而異。半徑愈大，週期愈長。情形就像掛鐘的鐘擺，錘桿愈長，鐘錘擺動愈慢。184 公里高度的衛星，繞行圓周一次的時間，大約是一個半小時。而在距離地面 35,200 公里的衛星，則是二十四小時。如果後者是在赤道面上環行，那麼對地球表面的觀察站或電波接收台來說，它的位置就是固定的，可以經常傳遞電訊。這就是地球同步衛星。我們所熟習的「大耳朵」、「小耳朵」（C-band 及 Ku-band 通信衛星）以及 GOES 一類的定位氣象衛星都屬於此類。

另一方面，低空繞行的衛星，地面上能接收電訊的時間就短暫得多。就高度 184 公里高度衛星來說，它繞行地球每天大約是十四周。假定第一周經過臺灣上空經度大約是東經 120°。它繞行一周回到原處時，地面已因地球自轉而向東移動了約 25°。衛星下面的地

面，已經是東經 95°相當於緬甸了。因此對地面而言，衛星每轉一周，它的軌道向西移動約 25°。如果衛星再轉一周，它下面的地面就是東經 70°，相當於巴基斯坦的經度。重要的是每轉一周，它跟臺灣的地面距離就增加了約 2,560 公里。

太空時代初期及一些目前少數蘇聯低空衛星，是用 29 兆周短波無線電，可以達到遠距離。但時至今日，已很少用這類笨重的通訊裝置了，現在一般用的都是像電視所用的 VHF、UHF，乃至更高週率的微波。這些直線進行的電波從184公里高度衛星發射，地面上能接收的距程大約只有 3,200 公里左右。因此，地面上的接收站每天日夜兩次，共只有五或六次機會與衛星聯繫。同時每次通訊的時間，至多也不過十餘分鐘。

三、地轉及東向發射（due east launch）

上面說過，衛星進入 184 公里低空軌道，需要每秒 9,140 公尺的速度。這個速度是指對靜止的空間坐標而言的。由於火箭是從地面發射，而地面因地轉是在向東方移動，因而火箭起飛時可以免費的得到一些初速。如火箭向正東方向發射，而發射地點又是在赤道線上，地面的切線速度就是最大，每秒可達約488公尺，相當每小時約1,750 公里的速度。這對發射火箭，幫助是相當大的。

試想：一具重達 200 噸的巨型火箭，要靠火箭把它推到每小時 1,750 公里的速度該有多麼困難？又要消耗多少燃料？這個無代價得來的初速，對初次發射衛星來說，可能就是成敗的關鍵。而對發射大型通信衛星，燃料的節省就是衛星重量的增加，也關係成本匪淺。因此法國阿利安（Ariane）火箭的發射基地不在法國，也不在歐洲，而是在迢迢千里外南美洲巴西以北的法屬奎亞那，一個叫 Kourou 的太空基地。該地位於西經 53°北緯僅 5°，且東臨太平洋，極適宜發射大型通信衛星。

　　美國東部佛州的甘迺迪太空中心（KSC）與此次發射「亞洲一號」衛星的大陸西昌衛星發射基地，位置均在北緯 28°左右，這兩地的地面移動速度，都比 Kourou 為低。據估計用同型火箭發射衛星，重量會較在 Kourou 少達 10%。中國大陸現在海南島（19° N,111.1° E）已建有海南探空火箭發射場，並曾發射過「織女」探空火箭，現正計畫擴充中，以供發射近赤道面之火箭。

　　在南大西洋地區，以新加坡最近赤道。在臺灣本島，以恆春為最南（22° N，120.42° E）。該地三面臨海，如其他一切條件適合，倒不失為發射衛星的良好地點。當然，不是所有衛星都需要，或能夠向正東方發射，例如電視氣象報告的低空衛星（美國 NOAA-11）是沿地球南北方向繞行，並不適宜向正東方向發射進入軌道。

四、軌道仰角（orbit inclination angle）

　　衛星軌道與地球赤道面的夾角，對發射衛星也有重要關係。為具體起見，假定火箭是以恆春為基地向正東方向發射（見圖三），粗看之下，衛星軌道似乎就是 22°緯度的圓環，其實這是不對的。如眾所周知，衛星是被地心引力拉住的。它的軌道面因此必須通過地心。衛星火箭向東方發射後，它的方向即漸由正東轉向東南進入一個與赤道面成 22°仰角的大圓形軌道。也就是說向正東發射，衛星的軌道經常是以地心為中心的大圓環。如果是向正東發射的話，它與赤道的仰角正好等於發射地點的緯度，緯度愈低仰角愈小，軌道面也愈靠近赤道面。

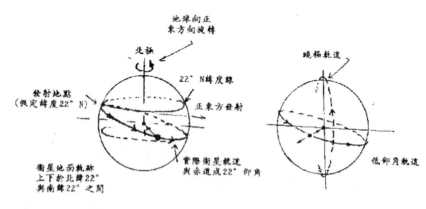

圖三：東向發射時的衛星軌道

這樣的結果有時也不盡理想。由圖三可以看出，如果軌道仰角是 22°，它的軌跡就上下來回於北緯 22°與南緯 22°之間，涵蓋的面積，是一個很狹的地帶。如果翻開世界地圖來看，這個地帶至少對中國人來說，並不是那樣有興趣。譬如整個美國、整個歐洲、幾乎是全部的中國大陸以及蘇聯、韓國、日本等重要地域，通通都不在這個範圍以內。

小型的「衛星發射系統」

很多太空國家，在發展初期，都是用成本低、構造簡單及技術要求不高的小型火箭，來發射人造衛星。例如日本和印度發射第一顆衛星的 Lambda 及 SLV-3 火箭。另一種情形是有些國家原已有小型遠程飛彈，因為某種需要，改用來發射人造衛星，如美國及以色列的 Juno 1 與 Shavit 火箭。也有因應科學研究的廣泛需要，特別研製的小型衛星發射系統，如美國太空總署發展的 Scout 系列火箭。大體上說，這類火箭共同的特色是：（一）由三至五節固體火箭組合而成；（二）火箭最大推力在 60,000 公斤以下；（三）火箭總重在 36,000 或 40,800 公斤左右；（四）能發射 100～200 公斤衛星進入低空近赤道軌道；（五）它們的主要功能是用於科學研究方面（見圖四及五、表二及三）。

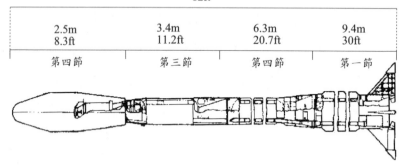

2.5m 8.3ft	3.4m 11.2ft	6.3m 20.7ft	9.4m 30ft
第四節	第三節	第四節	第一節

25m
82ft

圖四：著名的 Scout 火箭構造圖

　　我們知道人造衛星的最大優點是能在距地極高的空中長期逗留。比如說研究高空物理，原也可以使用氣球，但氣球可達之高度頗為有限，一般在 40 公里左右。如用以研究太空物理，如太陽發射的帶電質點——太陽風，則力有未逮。例如著名的范艾倫帶（Van Allen belt, 900 公里以上）就是在發射人造衛星以後才發現的。

　　用人造衛星來觀察星象，亦有很大的助益。最具體的例子是將觀測儀安裝於人造衛星內，射入赤道上空軌道。當衛星繞地球環轉時，如將觀察議器向南北方向掃描，則全部星空均可「盡收眼底」。一個最著名的例子，是 1970 年 12 月 12 日在非洲肯亞的 San Marco 地方一個躉船上，用 Scout 火箭發射的 Uhuru 衛星。這具美國

表三：小型衛星發射系統個例

	國別	長度（公尺）	直徑（公尺）	總重（公斤）	火箭馬達級數及推力（公斤）（S:固體，L:液體）		備註
（Gabriel）*	以色列	3.4	0.34	520	1	S	3,590	地對地飛彈，射程 37 公里
					2	S	
（Minuteman）（1961）	美 國	18.2	1.71	33,055	1	S	91,980	地對地洲際導彈，射程超過 12,960 公里
					2	S	27,240	
					3	S	8,013	
Juno 1 （1960）	美 國	21.7	1.78	29,050	1	L	37,580	發射第一顆美國衛星，進入軌道
					2	S	7,490	
					3	S	2,450	
					4	S	817	
Scout （1960）	美 國	21.9	1.01	16,520	1	S	52,210	典型小型衛星發射系統，迄今已發射數百枚進入軌道
					2	S	22,700	
					3	S	6,175	
					4	S	1,360	
Lambda-4S （1970）	日 本	16.5	0.74	9,490	0	S	19,420	發射第一顆日本衛星進入軌道
					1	S	37,040	
					2	S	12,010	
					3	S	7,000	
					4	S	000	
5LV-3 （1980）	印 度	23.0	1.00	17,356	1	S	55,360	發射第一顆印度衛星進入軌道
					2	S	23,525	
					3	S	8,030	
					4	S	2,200	
Peace Keeper* （MX）	美 國	21.6	2.32	88,530	1	S	258,780	地對地洲際導彈，射程超過 12,960 公里
					2	S	152,090	
					3	S	34,960	

火箭名稱	用否固體火箭加大推力	各節所用燃料種類			最大推力（公斤）	離地重量（公斤）
		1	2	3		
N-1（日）（1975）	用	液體	液體	固體	148,290	90,360
Delta 2914（美）（1974）	用	液體	液體	固體	213,530	133,070
Delta 3914（美）（1975）	用	液體	液體	固體	347,770	190,800
Ariane（歐洲）（1979）	否	液體	液體	液體	245,260	208,220
Atlas-centaur（美）（1962）	谷	液體	液體	液體	166,620	136,200
Titan III C（美）（1965）	用	液體	液體	液體	1,071,440	645,405

太空總署編號為 SAS-1（小型天文衛星一號）的衛星，是從觀測太空中 X 光的輻射情況，來研究當時最熱門的 Cyg X-1 星座方位有無存有「黑洞」的可能性。下面是這個研究計畫的全部費用（1970 年）：

衛星	700 萬美元
衛星所載實驗儀器	500 萬美元
四節 Scout 火箭	100 萬美元
人工費用	25 萬美元
總數	1,325 萬美元

1970 年至今天已有二十年之久。這些數字當然已經是昨日黃花。不過對於發展火箭科學研究工作，這些數字應當還是有一些參考價值的。

用軍用火箭來發射人造衛星也有幾個有趣的例子。我們都知道蘇聯在 1957 年 10 月 4 日成功發射第一顆衛星，在美國造成極大的「史潑克（Sputnik）震撼」在第二顆史潑克升空時，美國仍是一再失敗，狼狽萬分，後來仍然是使用陸軍的 Jupitor C 火箭，勉強在三個月後，送上一個連末節火箭在內，也不過重 14 公斤的小衛星。被蘇聯譏笑是一個小蘋果。現在看起來，這場競爭，對美國似乎不算太公平。因為蘇俄的史潑克一號是用一具洲際飛彈放上去的。當時

衛星重量高達 84 公斤，確讓美國人大吃一驚。美國因為堅持「軍民分離」政策，不用軍用火箭來放民用衛星，以致落得灰頭土臉。

後來又有一個歷史重演而角色倒置的例子。日本用小型民用火箭發射衛星，於 1970 年 2 月 11 日一舉成功。衛星重量雖不過 24 公斤，但在太空史上，奪得列名第四。中國大陸在 1958 年即開始軍用火箭的研製。但遲遲到 1970 年 4 月 24 日才發射第一個民用衛星，雖重達 173 公斤，但乃以兩個月之差，在太空史上落於日本之後，屈居第五名，足見很多歷史上遭遇，是有幸也有不幸的。

另一個最近的例子，就是以色列。到目前為止，它已經成功的發射兩枚衛星進入軌道。它的第一顆人造衛星是在 1988 年 9 月 19 日成功進入軌道，衛星的重量高達 156 公斤，顯然內容不簡單。據聞發射用的火箭，是由飛彈 Jericho 演變而來，而該型飛彈與美國 Minuteman 威力相當（見表三）。順便一提的，即火箭能達成的任務，顯然與載重直接相關。表三所列之美國 MX 洲際飛彈，雖射程與 Minuteman 屬同一等級，但載重與火箭馬力則相差甚遠。至於臺灣所熟知的以色列百列飛彈（Gabriel），不論就載重或性能，與發射衛星之火箭，均不可以同日而語了。

太陽同步衛星的發射

　　所謂「地極衛星」（low earth polar orbit satellites）係指循地球南北方向，繞地環繞的低空衛星。如若軌道仰角及衛星高度適當選擇，則有所謂「太陽同步衛星」一般用途頗廣。像「低空氣象衛星」、「資源探測衛星」等等都是。

　　太陽同步衛星的原理是這樣的：前面說過，衛星的運動直接受地球重力場的支配。如地球是一個理想的圓球，它的引力可以假設出自球心一點，這時衛星的軌道就固定在空間中，像一個無形的圓環，隨著天上的星座由東向西旋轉。由於地球對星空只有自轉，而對太陽除了自轉還有公轉，每天星座升起的時間，比太陽要提早約四分鐘。也就是說，如果一顆星今夜十二點通過天頂，明天十二點，就會發現它業已通過天頂在偏西的位置，這樣累積一個月下來，這顆星在夜間十點鐘，就可以到達天頂。因此，如果衛星軌道在空間固定與星座以同樣速度旋轉，它到達某地上空的時刻，就經常在變。

　　這種情形事實上是可以改變的。因為地球並非真正是圓形。它的南北直徑較短，而赤道部分較凸出，因此衛星的軌道並不是完全固定的。從研究中我們可以發現，如果衛星軌道仰角約 99°，高度約

900 公里（衛星週期約一百分鐘），則衛星軌道每天的起落時間就會比星座遲後四分鐘，而與太陽「同步」。這樣的衛星有兩個好處：第一，它每天到達地面某一地點的時間，大體是一定的；第二，如圖六所示，在一年之中幾乎全部時間，它的光電板（solar panel）都能接收到日光能的照射。

　　發射此類衛星，技術上當然比較困難。第一，它的軌道是沿地球南北方向，無法利用地面轉速。第二、衛星高度及重量均較大。以美國 NOAA-11 低空氣象衛星為例，它的軌道高 860 公里，與赤道仰角99°，衛星重量是 1,700 公斤，需要每秒 900 公尺的額外速度。一般來說，同樣的火箭送入太陽同步軌道的重量，僅及送入低空赤道軌道的一半。

地球同步衛星的發射

　　地球同步衛星多數是像圖一的商業衛星一樣，重量都很大，一般在 1,300 至 2,600 公斤之間，且在不斷地增加中，發射的火箭也都很巨大。目前除太空梭外，「一次用」的火箭計有美國的 Titan、Atlas-Centaur Delta、法國的 Araine 及中國大陸的長征系列火箭。日本的 N 型及 H 型火箭，也是同一類型的火箭，但不在國際商業市場上參加競爭。美國的三型火箭，都是 1960 年代的產品，按照太空總署原

定計畫，在 1981 年 4 月太空梭問世之後，這些多節型一次使用的火箭，都不準備再用。後來因為挑戰者號太空梭失事，才又改變計畫，用它們來發射商業衛星。因此這麼多年來，美國未發展新的火箭。

表四和圖七是這些火箭早期的規格。目前各種新型，除性能上有所改進外，在使用時也有不同組合方式，無法詳述。從表中可看出這些火箭一些共同特性，例如多數是液體火箭，由二至三節組成；重量在200～600噸之間；高度是30～45公尺，直徑3～5公尺；離地時推力在兩百多噸到七百多噸之間等等。為增加有用載荷，這些火箭也多採用「綑綁固體」（strap-on）火箭的辦法，來增強起飛時的推力。

現在我們用一個具體的例子，來說明通信衛星是怎樣發射的。假設發射站是緯度 28.5°，用的是 Atlas-Centaur 火箭，要把一個重約 1,300 公斤的通信衛星，朝著正東方向發射，目標是將這個衛星，送進距離地面 35,520 公里的同步軌道。圖十一的數字也是根據這個假設所推算的。

Atlas-Centaur 是由 Atlas 與 Centaur 兩個火箭組合而成的（見圖八），它的下半部是 Atlas 火箭，內裝有由「強力」和「持久」的兩組馬達組成的MA-1 火箭引擎及其共用的油箱（稱為 1 ½ 節），上半

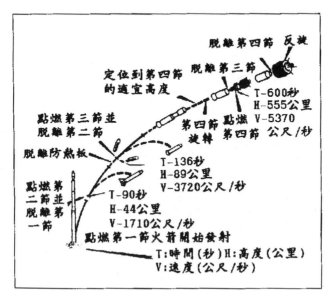

圖五：典型的小規模衛星發射系統——美國太空總署的 Scout 四節固體火箭，已發射數百枚進入地面低空
　　軌道。

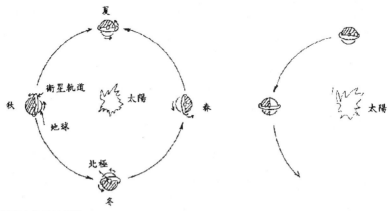

圖六：太陽同步衛星的優點

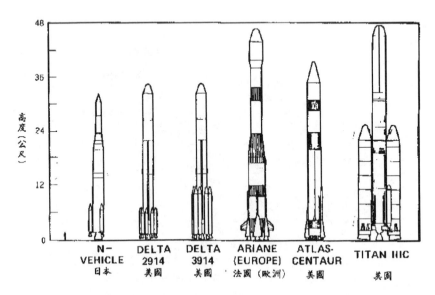

圖七：商業衛星用之載運火箭群像（未列 H 系列及長征系列）。

部是使用液氫液氧的高節 Centaur 火箭。衛星則裝在火箭的最高端，有可裂開的外殼保護。這個外殼主要是使上升時空氣流線型化，在火箭離地約三分鐘後，即自形分開脫落。發射的程序可從圖九及十一看出詳情，下面則是摘要的描述：

（一）離地上升：MA-5 的三具火箭同時噴射，火箭加速上升。到四分鐘後，MA-5 兩組馬達全部燃料用盡停火，Atlas 部分的火箭全部脫離。僅餘上部之 Centaur 火箭及衛星繼續沿弧線上升。

（二）進入停駐軌道：Centaur 火箭適時發射，將火箭及衛星送

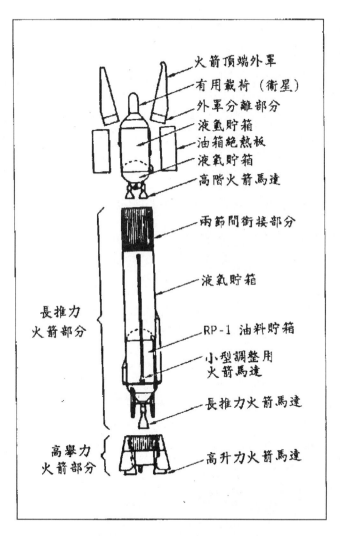

火箭頂端外罩
有用載荷（衛星）
外罩分離部分
液氫貯箱
油箱絕熱板
液氧貯箱
高階火箭馬達

兩節間銜接部分

液氧貯箱

長推力
火箭部分

RP-1 油料貯箱

小型調整用
火箭馬達

長推力火箭馬達

高舉力
火箭部分

高升力火箭馬達

圖八：價值美金四千萬元（不包括衛星）之 Atlas-Centaur 衛星發射火箭，離地時總重 180
噸，火箭推力 220 噸，可將 5200 載荷送進同步轉移軌道。

進 184 公里之 28.5°圓形停駐軌道（parking orbit），火箭速度達軌道速度。火箭暫停噴射。

（三）進入轉移軌道：火箭沿 184 公里高圓形軌道前進，此時軌道與赤道乃保持 28.5°斜角。俟火箭飛達赤道面附近，Centaur 火箭再度著火噴射，將衛星以每秒 10,230 公尺速度，投入長橢圓形之轉移軌道（geo-synchronous transferorbit），Centaur 火箭隨即脫落，剩下衛星部分沿轉移軌道繼續前進。此時軌道仰角仍為 28.5°，至此 Atlas-Centaur 運載火箭全部脫離。衛星發射公司之任務全部完成，全程自起飛至此共歷時約二十五分鐘。

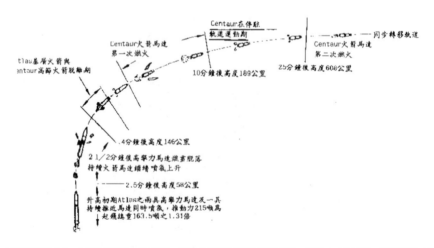

圖九：升高初期 Atlas 之兩具高舉力馬達及一具持續推近馬達同時噴氣，總推力 215 噸為起飛總重 163.5 噸之 1.3 倍。

（四）進入同步軌道：衛星進入轉移軌道後，即由衛星公司之地面控制站接手操作。這時的主要工作，除發動及檢驗衛星各種機器及通訊設備外，就是調整衛星位置及仰角，以便在遠地點（apogee）適時發動衛星自備之小型火箭（Apogee Kick motor），將衛星投入赤道面上距離地面 35,500 公里之同步軌道，其詳情如圖十及十一所示。

（五）衛星定位：每一同步衛星在軌道上均有一個國際指定的位置。例如「亞洲一號」的指定位置是在距新加坡不遠的東經 105.5 度，衛星進入同步軌道後，經若干時日的滑動（drift）到達這個位置。衛星內並另有火箭，保持它在此位置（stationkeeping）不再移動。

Molniya 衛星

地球赤道上的同步衛星，對於南北地區的接收站，並非十分理想。圖十二所示近地面的一端遠達 35,500 公里以上的長橢圓形，叫做 Molniya 的衛星軌道，是蘇聯全國性電視電話以及華盛頓－莫斯科熱線電話所採用的衛星軌道。

這種衛星週期很長（八～十二小時），並且衛星在極遠點一端緩慢的移動。因此，地面與衛星，或兩點經由衛星的通訊時間，可長

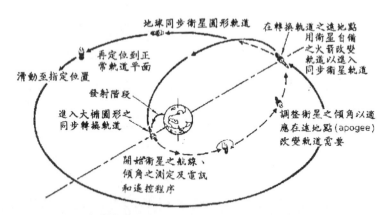

圖十：發射通信（地球同步）衛星過程圖。

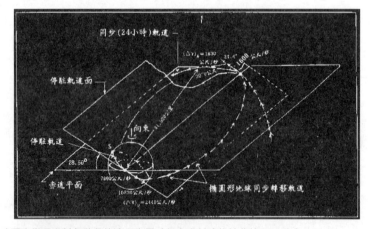

圖十一：地球同步衛星發射各階段航速示意圖（假定發射站位於北緯 28.5 度）。

（ⅰ）火箭在 S 點向正東方面發射進入仰角 28.5°之圓形暫行軌道，速度每秒 7,800 公尺。

（ⅱ）火箭到達赤道面時，高節火箭燃著，速度增加（△vP = 2,440 公尺／秒），速度達 10,230 公尺／秒，進入大橢圓形軌道之近地點（pengee），此時載運火箭全部脫落，僅衛星繼續向目標前進。

（ⅲ）衛星再次通過赤道面，衛星自攜之 Apogee 馬達噴射改變航速及方向，以進入在赤道面上距地心 41,920 公里之圓形地球同步軌道（軌道速度每秒 3,070 公尺）。

達八或九小時以上。如發射數個這種衛星，組織成衛星網，則可供全球通訊之用。據聞最近蘇聯正著手建造這種所謂「馬拉松」的衛星通信系統，擬投入了國際通信市場。

很多諸如發射場地、火箭發射控制追蹤等等技術上的問題待以後詳談。現在只簡略補充兩點，作為本文結尾。

第一點有關衛星的經濟學。這裡列舉「亞洲一號」的成本及費用作為參考。如眾所周知「亞洲一號」衛星原為 Westar 6，於 1984 年 2 月由太空梭攜至低空投射，但未進入同步軌道。經於同年 11 月 14 日發現者號太空梭攜回，故開價特廉。衛星本身僅一千五百萬元，休斯（Hughes）另加三千萬元之整修費及發射服務費用。中國大陸為打開國際市場，發射費用只索取三千萬元（目前市價：美國 Atlas-Centaur 四千萬元，兩年內交貨；法國阿利安則需四千五百萬元），另在香港新建地面衛星控制站一千萬元，工程顧問及開辦費共一千萬元，保險費兩千四百萬元等，共計約一億二千至一億三千萬美元。

Westar 6 共有二十四個轉接器（transponder），每一轉接器可處理一道彩色電視或一千通單向電話，有效壽命十年。據報導每個轉接器每年租金為一百五十萬至兩百萬美元之間，而至五月二日止，已全部預訂光，其中二十一個且已簽約。如果屬實，則每年租金超出四千萬元。

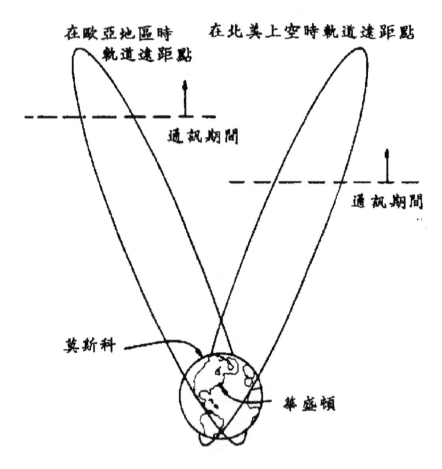

圖十二：用於蘇聯全國 TV 及華盛頓－莫斯科熱線的 Molniya 衛星通信系統、衛星週期為
12 小時，軌道仰角 63.4 度。

第二點要提及的是，小型衛星發射系統最近在美國的一些進展。自從雷根總統數年前宣布民用衛星交由私人公司發射後，一些新的小公司即紛紛投入。在史丹福大學附近城市即有以下三個有趣的新發展：

　　原在紅木城（Redwood City）之 Amroc 公司，研製固體及液體混合燃料火箭馬達，已試驗多次成功。目標為以極低價發射 1,800 公斤之衛星近入低空軌道。不久前（1989 年 10 月 5 日）曾試放一具 18 公尺高，直徑 1.3 公尺，重 14,500 公斤，推力 34,000 公斤之火箭，惟未成功。

　　在 Saratoga 之 Truax 公司，由海軍資助發展小型液體火箭，可由海面船上發射進入軌道，現在進行中。

　　在山景城（Mountain View）由美國太空總署之 Ames 研究中心，協助軌道科技公司（Orbital Science Corp）及 Hercules 太空公司，合作研製之飛馬座火箭（Pegagsus Rocket），已於本年 4 月 5 日試飛成功。其主要成就是用一架 B-52 飛機，將一個有三角翼的三節火箭在高空施放，將重達 200 公斤的海軍衛星，投入距地 500 公里地極軌道。據估計，此次發射費用僅介於六至八百萬元之間，可算是一個新的紀錄。

　　目前美國的大型太空公司，如 Matin Marietta、General Dynamics、McDonald／Douglas 都在傾全力，用它們出產的 Titan、Atlas-Centaur 及 Delta 系列火箭，在發射通信衛星的國際市場上競爭。而美國政府則由於太空項目過多（如太空站、登陸火星等計畫），對於很多太空運通（space transport ation）計畫，一時都無法著手。目前所從事的「單節火箭」（SSTO）研究，僅止於太空飛機，惟此計畫一旦成功，人類即可像乘坐飛機一樣「飛向太空」，屆時航太事業，必將全部改觀。

（1990 年 9 月號）

微影技術簡介

◎—陳啟東

任職於中央研究院物理研究所

隨著電子科技的快速發展，電子元件的尺寸也在減小。在製作這些元件的技術中，毫微米暴光及成像技術的發展具有舉足輕重的影響。在這短文中我們將簡單的介紹這項技術，以及目前實驗室及工業界在這方面的發展情況。

電子科技發展的一個重要指標可用小而美來形容，也就是速度快，低消耗功率，高封裝密度。所有這些要求都與元件的尺寸有關，以動態隨取記憶體（DRAM）為例，64Mb 內最小結構的尺寸為 0.3 至 0.4 微米（1 微米=1μm=10^{-6}m），而 256Mb 及 1Gb 就分別要求到 0.25 及 0.18 微米了。比較起人頭髮的直徑（約 20 微米），我們可以知道這是多麼小的尺寸。雖然同是追求小的尺寸，在實驗室與工業界的工作有不同的目標：在半導體工業界，不但講求小尺寸，更重視製程的速度與可靠性；而在實驗室，如何製作小尺寸的樣品往往就是重要的考量因素。在這種前提之下，實驗室所做的樣品可以比市販的電子元件小很多，甚至可達原子尺度（約一個毫米的尺寸

（1nm=10^{-9}m）。在這篇文章中，我們會依尺寸的大小循序來介紹一些目前製程的技術，首先從半導體工業常用的光學刻版製程談起，再介紹電子束暴光及一些在實驗室開發的技巧，并討論將來的發展趨勢。這些毫微米暴光及成像的技術，可統稱為微影技術。有關電子元件的製程可參考 Campbell, S. A.（1996），有關微影技術的物理可參考 Brodie, I, & Muray, J. J.（1992），Rai-Choudhury, P.（1997）是專門介紹微影的技術，它對技術上的問題有詳細的討論。

先從光學微影技術談起

微影技術可說是整個半導體工業的關鍵技術，目前在微影部門的經費往往佔整個元件製作成本的三分之一，而且這個比例有逐年增加的趨勢。這種技術的原理與我們在照相、沖洗底片及印刷成相片的方式很類似，我們舉個例子說明如下：例如我們想在晶片（或稱作基板）上做一條銅線，先要準備一塊光罩（mask），上面有這條銅線的圖案。這光罩是用玻璃或石英製造的，在它上面不透光的部分鍍有一層金屬鉻。如圖二 A1 所示，首先在晶片上鍍一層銅薄膜，作法是在真空中把銅加熱使之融化、蒸發附著在晶片表面上。按著在晶片上旋鋪上一種對紫外線敏感的光

阻膠（photoresist），旋鋪的方法請參考圖一。這種光阻膠是液

態的，先用約每分鐘數千
轉的速度把它旋鋪在晶片
上，在烘烤後它會發生化
學相變而形成一層膠膜。
然後用紫外光透過上述的
光罩作曝光，曝光完後再
作顯影。如果用的是正光
阻膠（請參考圖二 A），
則膠膜內的化學抑制劑
（inhibitor，用以減低被顯
影劑溶解的速率）會被紫
外線改變成一種感光劑
（sensitizer），這些感光
劑能被顯影劑沖洗掉而達
到曝光的效果。顯影完後
光阻膠上就形成與光罩相
同的圖案，也就是一條光
阻膠的線。此後再把這晶
片放入適當的蝕刻設備中

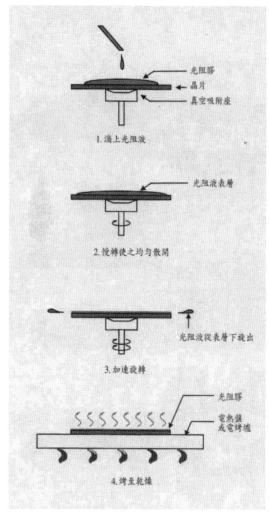

圖一：旋鋪光阻膠的步驟，一般常用的光阻膠在烤好之後
的厚度約是 1 毫米，常用的矽晶片厚度約數百毫米。

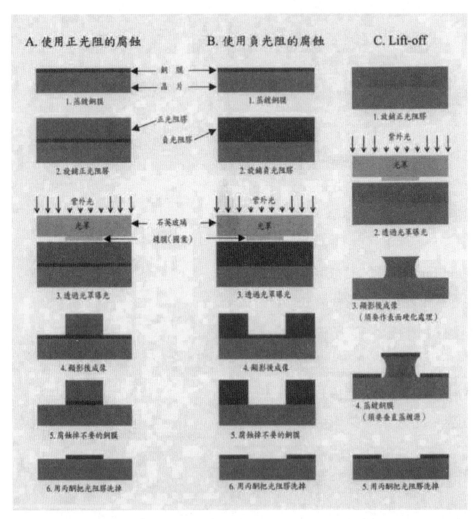

A. 使用正光阻的腐蝕　　B. 使用負光阻的腐蝕　　C. Lift-off

銅膜　晶片

1. 蒸鍍銅膜

1. 蒸鍍銅膜

1. 放鍍正光阻膠

正光阻膠　負光阻膠

2. 放鍍正光阻膠

2. 放鍍負光阻膠

2. 透過光罩曝光

紫外光　光罩　石英玻璃　鉻膜（圖案）

3. 透過光罩曝光

3. 透過光罩曝光

3. 顯影後成像（隨要作表面硬化處理）

4. 顯影後成像

4. 顯影後成像

4. 蒸鍍銅膜（須要金直蒸鍍滲）

5. 腐蝕掉不要的銅膜

5. 腐蝕掉不要的銅膜

5. 用丙酮把光阻膠洗掉

6. 用丙酮把光阻膠洗掉

6. 用丙酮把光阻膠洗掉

圖二：光學微影技術的示意圖。A 圖和 C 圖是較常用的製程。在 C3 圖中光阻膠的截面形狀，這是 lift-off 製程中一個重要的要求。

去腐蝕（etch）掉不想要的銅，這時上層光阻膠就當作下層材料的保護膜，蝕刻完後的晶片上就剩下一條銅線上面覆蓋著一層光阻膠。最後再用丙酮之類的溶劑把上層的光阻膠洗掉就完成了，丙酮可洗掉被感光或未被感光的光阻膠。

　　如果想使用同一個光罩，在晶片上做一個銅薄膜中留一個空白的線，有兩種可行的方法：第一種方法與上面的作法一樣但使用負光阻膠，如圖二 B 所示。第二種方法如圖二 C 所示，仍使用正光阻膠但不用蝕刻的方法而改用一種叫做 lift-off 的方法。使用這種方法時，先在未鍍銅的晶片上鋪上正光阻膠，然後在曝光、顯影之後再鍍上銅薄膜。此時一部分的銅膜會鍍在光阻膠上，另外一部分會鍍在晶片上，最後再把晶片放入丙酮之類的溶劑中把上層光阻膠及鍍在其上的銅膜一起洗掉就完成了。lift-off 的方法不須腐蝕掉多餘銅膜，所以比較清潔、簡單，常為實驗室採用。但它有幾個缺點：第一、它要求要有垂直方向性的蒸鍍源，因為在光阻膠垂直的壁面上不能有銅膜，以確保在光阻膠上的銅膜與在晶片上的銅膜被完全隔離。第二、蒸鍍高熔點材料時晶片的溫度可能會很高，因光阻膠不能耐高溫，所以這類材料不適合在 lift-off 使用。第三、把光阻膠放入蒸鍍銅膜的機器內有可能會污染到蒸鍍系統的真空腔，所以 lift-off 的方法在半導體製程中很少使用。另外，負光阻膠也不常被使用，因為一般而言它的解像度比正光阻膠低。

用電子束來作曝光可大幅減小線寬

　　以上所述的微影技術是用光學方法來作的，由於這種技術很適合大量生產用，所以一直都為半導體工業所採用，但是現在技術上已經漸漸逼近到它解析度的極限了。這極限的由來主要是因為光波在光罩圖案邊緣會產生複雜的繞射條紋，而且晶片表面的反射光會使這問題更複雜化。雖然新的製程已經使用波長較短的深紫外線光源，並且也嘗試在光罩上下功夫來減少繞射，但一般相信光學微影技術的極限可能不會小於 0.15 微米。如果要做到更細小的尺寸，用電子束當作光源來作曝光的技術可能是最好的方法了。如圖三所示，它與光學微影的技術很類似，只是它用電子束替代紫外光源，用電阻膠替代光阻膠。正電阻膠內鍵結會被電子束打斷而能溶解於顯像劑中，因此可達到曝光的效果。圖四是一張顯像後的電阻膠的電子顯微鏡（SEM）照片，裡面最細的線寬約是 30 毫微米。

　　電子束微影技術不需要用光罩，可以直接把在電腦上設計好的圖案送到曝光的系統去寫（稱作直寫，direct write）。所以它可大幅縮短從設計到製作的時間，也因此特別適合研究室或非量產型元件使用。事實上前面所述及的光學微影技術所用的光罩大多是用電子束微影技術作出來的。如果說紫外線是平面光源，電子束可以說是

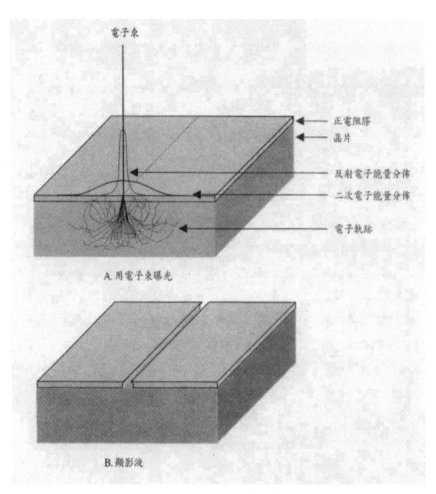

電子束

正電阻膠

晶片

反射電子能量分佈

二次電子能量分佈

電子軌跡

A. 用電子束曝光

B. 顯影液

圖三：用電子束曝光的示意圖。除了曝光是用電子束之外其餘步驟皆與圖一所示的光學微影
技術相同。A 圖也畫出入射後的電子軌跡及其能量分佈。

30 毫微米

1 微米

圖四：一張顯像後的電阻膠的電子顯微鏡照片，這些線條是在 3 萬伏特的加速電壓下
曝光成像的。黑色的線條是沒有電阻膠的部分，如果在上面蒸鍍金屬再作 lift-off 就
能得到金屬細線了（資料來源：中研院物理所）。

一種點光源，所以比起光學微影技術，電子束曝光系統的產能要低很多，生產的成本太高而不適合工業用。將來工業界可能使用的微影技術包括有使用極短波長的紫外線、X-ray（包括同步輻射）或平面的電子束來替代現在的紫外光源作投影式曝光，或甚至可用直接壓版的方式在光阻膠上壓製圖案。現在有很多廠商或研究室都在研究開發這類替代傳統光學微影的技術，而且已有相當的成果，例如用X-ray投影（參考文獻4）或壓版技術（參考文獻5）都已經能做到約十個毫微米的尺寸了。但這些技術都各有利弊，將來會採用哪一套技術目前還沒有一個定論。由於這些技術都要用到電子束微影技術製作出來的光罩或模子，所以它們能做到的尺寸極限都會受限於電子束微影的技術。

　　那麼用電子束微影技術能做到的極限是多少呢？電子束的波長很短，因此它沒有繞射的問題，而能達到很高的解析度。電子束的直徑依電子槍的種類及其加速電壓而不同，加速電壓越高電子束的直徑就越小。一般電子束曝光系統的加速電壓約在 2.5 至 5 萬伏特之間，其電子束的直徑約在 1.5-5 個毫微米。電子束雖沒有繞射的問題，但入射的電子會在電阻膠內產生散射，更嚴重的是它們會與晶片的晶格發生碰撞產生大量的反射電子及二次電子，這些電子有可能會破壞電阻膠的鍵結而影響曝光的結果，稱之為近接效應（proximity effect）。圖三 A 畫有電子在電阻膠及晶片內軌跡的示意圖以及二次電子的能量——距離分佈曲線，電子束微影技術的極限可說是由這些曲線來決定的。這個分佈曲線會受到電子束的能量（也就是加速電壓）、電阻膠特性及晶片本身材質、厚度等多項因素的影響。目前有些新開發的機種開始提高加速電壓（至例如 10 萬伏特）以加長入射電子的穿透深度以減低二次電子的影響，但相反的也有些新機種使用小於2千伏特的低加速電壓來作曝光，它們雖沒有近接效應的問題，但相對的電子束比較寬。一個極端的例子是下面將敘述的原子力探針顯微鏡（AFM），它可用約20～100伏特來作曝光。目前用電子束微影技術一般可以寫到寬度小於五十個毫微米的點或細線，在仔細控制的製程下甚至可達到五個毫微米的尺寸（參考 Chen, W. & Ahmed, H.（1993））。

離子束可以作什麼？

離子束也可以做曝光的工作。聚焦離子束（Focus Ion Beam，簡稱 FIB）的原理與電子束有些相似：先從一個點狀離子源把離子吸出，再經聚焦及偏向後打在樣品上。它和電子束一樣，可以作直寫或經由光罩曝光，而且沒有電子束曝光的近接效應。但離于束一般要比電子束還寬，即使較細的離子束僅能聚焦到約8毫微米的程度。

目前聚焦式離子束曝光系統在電阻膠上曝光的線寬可小到約 10 毫微米（參考 Rau et al., N.（1998））。FIB 的工作對象可以是電阻膠也可以是某些薄膜。這是因為有些薄膜在被離子撞擊後，它對腐蝕（etch）的抵抗力或被氧化的速率會改變。利用這種特性，我們可以直接在這些薄膜上用 FIB 來為圖案。例如在氧化矽的薄膜上打入氫離子、氖離子或氦離子可增加它的腐蝕率，如果在這薄膜上打入矽離子則將會提高它的氧化率。

我們可以製作原子尺寸的圖案嗎？

如果要做到 1 毫微米的尺寸，那麼可能就要使用掃瞄式探針顯微鏡（Scanning Probe Microscope）了。這類的顯微鏡基本上是用一支很細的探針來掃瞄被測物表面的高度變化而得到樣品表面的影像，探針與樣品表面間的距離可用它們之間的電子穿隧電流的大小（稱 Scanning Tunneling Microscope, STM）或原子作用力的大小來控制（稱 Atomic Force Microscope，AFM）（有關於一些儀器如 AFM、STM,SEM 及 FIE 等的說明可參考國科會 1998）。AFM 的針尖可用來刮樣品表面上的光阻膠而畫出想要的圖案，也可以在針尖裝上電極，用來作電子束曝光的工作（參考 Ishibashi et al., M.（1998））。比起 AFM，STM 有較好的解像度，這是由於 STM 針尖到樣品間穿隧

電流的大小與它們之間的距離成指數關係，所以它對距離有很高的靈敏度，在觀察樣品表面的結構時，它可達到原子尺度的解像度。圖五是 STM 操作原理的示意圖，它的針尖與樣品間的距離一般約在一個毫微米左右，穿隧電流約是一個毫徵安培（InA）。如果使用較高的針尖電壓時可在針尖與樣品表面間製造相當大的電場，STM 也能在樣品表面作蝕刻或蒸鍍的工作。所謂蝕刻就是把樣品表面的原子吸附到針尖，而蒸鍍就是把針尖上的原子「發射」到樣品表面上（參考 Chang, T. C., Chang, C, S., Lin, H. N., & Tsong, T. T.（1995）。使

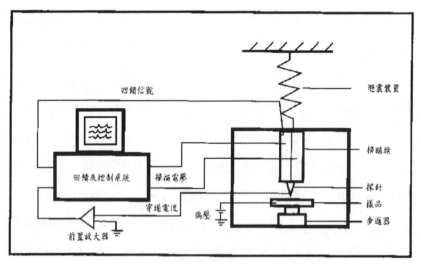

圖五：掃瞄式穿隧顯微鏡的工作原理的示意圖。穿隧電流經回饋後可用來控制掃瞄頭的高度。如果把高度固定，樣品表面的高低可由穿隧電流的大小得知。

用這種蝕刻或蒸鍍的技術，我們不須藉用光阻膠或電阻膠，可直接在樣品表面上做想要的圖樣，圖六是在矽＜ 111）表面上用 STM 蝕刻技術"畫"的一張台灣地圖。由於它用到表面原子間的作用力，目前這套技術僅能用於相當有限的材料。STM 技術的另一個很大的限制是樣品興計尖的表面一定都要會導電，如此才能形成電子的穿隧電流。雖然這種方法目前僅止於實驗室使用，利用 STM 技術使我們可做到原子尺寸的圖樣，這可以說是目前用人工技術所能做到的最小尺寸了。

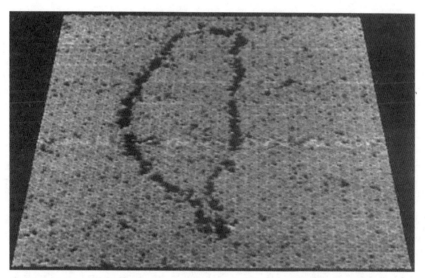

圖六：在矽〈111〉7×7 表面上用 STM 蝕刻技術「畫」的一張比例為 10^{-25} 的台灣地圖。黑色的點是矽原子被拿掉後留下的空洞。一個原子大約是 3 埃（1 埃＝ 0.1 毫微米），而一個晶格理位（unit cell）的邊長約是大約是 27 埃（資料來源：中研院物理所）。

微影技術的物理極限是什麼呢？

　　現在我們來考慮有哪些因素會影響微影技術的極限。在光源方面，曝光的光源大致可分為光子、電子或離子，由於波動與粒子的雙重性，根據海森堡測不準原理（Heisenberg uncertainty principle）它們的粒子束直徑是有限的（隨能量提高而減小），深紫外線的極限約是 100 毫微米，一萬伏特的電子束約 0.01 毫微米。另外，因為要達到破壞光阻膠的抑制劑或電阻膠的鍵結所需的單位面積光源粒子數（稱做劑量）是有一個範圍的，如果要曝光的面積很小，需要的粒子數也會變得很少。但粒子是有統計性質的，也就是說在單位時間內到達某一特定區域的電子數其實是有一個分佈的，粒子數少的話，要控制到適當劑量就比較困難了。為了降低這種誤差，我們可用較不敏感的電阻膠或光阻膠，因為它們需較大的劑量來曝光，但它們通常需要比較低能量的光源，而這些光源有較大的散射的問題。此外，電阻膠或光阻膠本身也有極限：在室溫中光源粒子能同時破壞一大團的鍵結，由此可以定義出它們「顆粒」的大小，也就是說它的解析度不能比這個值好。例如常用的高解析度電阻膠（PMMA）的「顆粒」大小約是 2.5 毫微米。其實要是我們可以用微影技術做出非常小的結構，我們還是得面臨一個難以避免的問題：

例如我們在一個絕緣晶片上做出一條寬度及厚度為 1 毫微米的金屬線，一個原子的尺寸大約是 0‧3 毫微米，所以在截面上就只有約十個原子，它表層的原子所受的吸附力會很弱，在室溫中會因熱能激發而移動使這條線逐漸的模糊掉，所以談這種線寬是沒有多大意義的。當然這種問題的嚴重性是依線的材料與晶片材料而不同的。

展望未來的電子世界

當一個電子元件的尺寸小到與電子的波長（約在毫微米範圍）靠近時，由於量子效應的浮現，電子在它內部的行為將與我們現在所用的電子元件的行為完全不同，所以它們將會是下一代嶄新的電子元件。在實驗室內，有很多物理學家正在製作更小的元件並測量它們的電性或光學性質，以期能更進一步了解電子在這些元件中的行為，而能帶領我們進入下一個新的科技時代。

感謝中央研究院物理研究所鄭天佐所長的實驗室提供 STM 的資料及相片，原子與分子科學研究所王玉麟博士提供有關FIB的文獻、以及筆者的學生及助理孫聖景、藍國能、葉震亞提供電子束微影的資料及相片。

（1999 年 3 月號）

參考文獻

1. Campbell, S. A. (1996), The Science and Engineering of Microelectronic Fabrication, pp. 151-230.

2. Brodie, 1. & Muray, J. J.(1992), The Physics of Micro/Nano-Fabrication, pp. 453-547, 1992.

3. Rai-Choudhury, P. (Editor)(1997), Handbook of Microlithography, Micromachimng, and Microfabrication, Volume I: Microlithography. (Chapter 2: Electron Beam Lithography is presented at Web site http://www.cnf.cornell.edu/SPIEBook/toc.HTM)

4. Chen, Y., Vieu, C. & Launois, H.(1998), "High Resolution X-ray Lithography and Electron-beam Lithography : Limits and Prospectives", Condensed Matter News, Vol. 6, pp. 22-30.

5. Krauss P. R. & Chou, S. Y.(1997), "Nano-compact disks with 400Gbit/in2 storage density fabricated using nanoimprint lithography and read with prroximal probe", Applied Physics Letters, Vol. 71, pp. 3174-3176.

6. Chen, W. & Ahmed, H.(1993), "Fabrication of 5-7nm wide etched lines in silicon using 100 keV electronbeam lithography and polymethylmethacrylate resist，Applied Physics Letters, Vol. 63, pp. 1499-1501.

7. Rau et al.,(1998), "Shot-noise and edge roughness effects in resists patterned at 10 nm exposure", Journal of Vacuum Science & Technology B,Vol. 16, pp. 3784-3788.

8. 國科會（1998），《儀器總覽：材料分析儀器》，表面分析儀器，國科會精密儀器發展中心出版。

9. Ishibashi et al.,(1898), "AFM lithography with a current-controlled exposure system"，Journal of Surface Analysis，Vol. 4, pp. 324-327.

10. Chang, T. C., Chang, C. S., Lin, H. N., and Tsong, T. T.（1995），"Creation of nanostructures on go1d surfaces in nonconducting liquid", Applied Physics Letters, Vol. 67, pp. 903-905.

弦圈之爭
——基本粒子研究進入戰國時代

◎—沈致遠

曾任美國杜邦公司杜邦院士（DuPont Fellow）

物理學家深信在基本粒子背後，一定有更基本的東西主宰萬物，於是兵分兩路向萬物之本進軍。最近，圈論學者分別出了兩本書批評弦論，其中沃特更譏諷它：連錯都不夠格。

「弦圈之爭」的弦代表超弦理論（string theory，簡稱弦論），圈則代表迴圈量子引力論（loop quantum gravity，簡稱圈論），兩者均為「萬物之理」（theory of everything）的候選者。

萬物之理是什麼？自古引人遐思。直到十九世紀才有實驗根據，二十世紀步步深入：分子、原子、原子核、核子、電子、夸克⋯⋯。1970 年代，物理學家根據已知的基本粒子及其三種相互作用力，總結出「標準模型」（standard model）。這是一個非常成功的理論，為許多實驗所證實，有的實驗竟然達到百億分之一精確度！

但是，標準模型有兩個缺點：（一）其中包含人為設定的幾十個參數，不知其所以然；（二）雖然在四種作用力中，已將電磁力、弱力與強力統一起來，重力卻頑固地拒絕統一。重力頑固其來有自，愛因斯坦吃過它苦頭，完成廣義相對論後，他致力於統一重力和電磁力，窮後半生之力以失敗告終。

兵分兩路

　　物理學家深信天道歸一，即四種力是統一的，在夸克和電子等基本粒子後面，肯定有更基本的東西；於是兵分兩路，向萬物之本進軍。

　　一路是弦論的大兵團，人強馬壯聲勢浩大。經過 1984 年和 1995 年兩次「超弦革命」，聚集了號稱「全世界最聰明」的物理學家和數學家逾千人，發表論文數以萬計！弦論者認為：萬物之本是極其微小（普朗克長度 10-35 米）的弦，在九維空間之中飛快地振動。然而，現實空間只有前後、左右、上下三維，這難不倒弦論者，他們認為多出的六維空間，捲曲成極其微小的拓撲結構，隱藏起來了。弦不同的振動式樣，相當於不同的粒子。一言以蔽之：萬物皆弦。

　　另一路是遊兵散勇，除圈論外，還有旋量（spinor）、扭子（twistor）及非互易幾何（non-commutative geometry）等諸論。圈論

比較像樣，從事者也僅數百人。圈論由美國賓州州立大學艾虛德卡（Abhay Ashtekar）於八〇年代提出；此人就是在 2001 年「七棵松會議」上討論「時間是什麼？」時，當場背誦起老子《道德經》「此二者同出而異名／同謂之玄／玄之又玄／眾妙之門」的那位教授。圈論將廣義相對論量子化：空間以普朗克長度分割為許多單元，物理現象由這些單元之間的聯絡決定。圈論認為，粒子是空間的拓撲形體；一言以蔽之：萬物皆形。

超弦革命×2

早期在研究核子強相互作用時發現，將基本粒子當作弦可以解釋一些物理現象，但因存在超光速粒子等問題，所以未引起主流物理學家注意。隨後，標準模型的「量子色動力學」對強相互作用作出令人滿意的處理，弦論失去用武之地。

1984 年，許瓦茲（John Schwarz）、格林（Michael Green）和蘇斯金特（Leonard Susskind）等人解決了存在問題，並發現弦論中竟自動出現引力子。這事非同小可！自愛因斯坦以降，多少人試圖將引力納入基本理論未成，這次不請自來，說明弦論可能有更深的含義。物理學家看到苗頭蜂擁而至，此為「第一次革命」。

弦論從冷門一變而為顯學，不久又出現新問題：弦論有五種不

同版本，不知何所從。1995 年，威騰（Edward Witten）在洛杉磯集會上提出「M 理論」：九維空間的五種弦論在十維空間是等價的，除弦之外還有膜（brane）等。於是人心大振，聲勢空前高漲，此為「第二次革命」。威騰說，M 可以代表膜、魔術、神祕或朦朧……隨你高興。

第二次革命後又十幾年過去了，弦論基本方程仍付闕如，其可能方案竟然有 10500 個之多，相應於 10500 個不同的宇宙！批評者譏諷說：弦論從萬物之理變為「任意之理」（theory of anything），無論什麼實驗也無法推翻它，弦論者總可以像變戲法那樣，變出一個理論使之與實驗符合。無法證偽，就不是科學[註]。

弦論從量子論出發，向廣義相對論靠攏；圈論從廣義相對論出發，向量子論逼近。兩者出發點不同，探索途徑也大異其趣：弦論依賴於背景，須有特定的時間空間（時空）作背景，好比演員只能在特定的舞臺上演出；圈論不依賴於背景，時空會自行出現，好比演員自己搭臺演出，後者在原則上有其優越性。

註：哲學大師波普（Karl Popper, 1902994）認為，科學理論必須容許邏輯上的反例存在，上萬個觀察不能證明一個理論為真，但一個觀察卻能證明其為偽。一個主張是「可證偽」（falsifiable）的，並不意味著這個主張是「假」的。若這主張是可證偽的，則至少在理論上應該會存在一種觀測的方法（即使實際上沒有進行這項觀測也無妨）。

弦論批評者眾

二十多年來，弦論和圈論等各自發展；最近風雲突變。2006年，圈論者推出兩本書，一本是《物理學之困境》（The Trouble With Physics），作者施莫林（Lee Smolin）是哈佛大學物理學博士，從事弦論研究多年，後改弦易轍做圈論。他反戈一擊：弦論沒有實驗證明，連實驗方案都提不出來；這一擊正中要害。另一本是《連錯都談不上》（Not even wrong），作者吳易特（Peter Woit）是普林斯頓大學物理學博士，現任哥倫比亞大學數學系講師。書名就竭盡譏諷之能事：弦論根本不是理論，連錯都不夠格！

批評弦論不自今日始，不乏大師級人物。諾貝爾物理學獎得主費曼（Richard Feynman）說過重話：「弦論者提不出實驗，只會找藉口。」英國著名科學家彭羅斯（Roger Penrose）在近作《現實之路》中，也對弦論進行鞭辟入裡的批評。2004 年，諾貝爾物理學獎獲得者、威騰的導師格羅斯（David Gross）曾是弦論的熱烈支持者，最近在一次集會上說：「我們不知道自己在說什麼！」

兩本書的出版，引起公眾注意。美國著名弦論學者、哥倫比亞大學教授格林（Brain Greene）在 2006 年 10 月 20 日《紐約時報》以長文進行反駁，題為〈弦上的宇宙：不要放棄最有希望的物理學理

論〉。主要論點為：弦論繼承愛因斯坦未竟之遺志，已積累了豐富的經驗，建立起美麗而嚴密的數學體系，是統一四種力最有希望的理論。格林承認，缺乏實驗證據是嚴重問題，他寄希望於將在 2008 年開始運行的歐洲巨型強子對撞機（LHC），或許能作出支持弦論的實驗結果。他對「弦論二十多年未出成果」的批評嗤之以鼻，罵道：「愚蠢！」

　　平心而論無可厚非，科學史上難題有數百年未解的，「費瑪最後定理」歷經三百餘年才得到證明；何況目標是「萬物之理」，如輕易到手反倒是很奇怪的。

　　弦論的大問題是實驗驗證，弦的尺度是 10～35 公尺，以實驗直接驗證，所需粒子加速器比銀河系還大！弦論提出的一些間接實驗方案，至今無一成功。個別弦論者甚至宣稱：伽利略開創以實驗為根據的時代已經結束，弦論只需要數學美就夠了！他們忘記了物理學是實證科學，沒有實驗支持，理論再美只是鏡花水月。

　　說從事弦論者全是「最聰明的人」顯然誇大，但其中不乏佼佼者，弦論「教主」威騰就是罕見的天才。威騰父親是物理學家，他從小耳濡目染，性格非常獨立，進入大學本科主修歷史、副修語言學，讀研究生開始是經濟學。威騰缺乏物理學本科基本訓練，直接攻讀研究生，不久就脫穎而出，發表幾篇重要論文。獲得普林斯頓

大學博士學位後，他為哈佛大學延聘，二十九歲當上正教授，後來又回到普林斯頓。哈佛認為未能留住他是最大錯誤。

威騰已發表論文三百多篇，主導弦論第二次革命，也獲得數學界最高獎——費爾茲獎（Fields Medal）。「教主」一言九鼎，弦論學者唯馬首是瞻，只要他略為提示方向，就有許多人跟進發表大量論文。這次批評弦論者儘管言辭激烈，對威騰還是相當尊重的。

殺出程咬金

弦圈之爭方興未艾，半路殺出「程咬金」。澳洲一位名不見經傳的博士後研究員畢爾森湯姆森（Sundance Bilson-Thompson）在網路上發表論文，他在沙拉姆（Abdus Salam）等人的基礎上提出：夸克和電子等均為由三股先子（preon）梳成的「辮子」，其拓撲性質決定粒子的特性：扭轉（twist）代表電荷，交疊（cross）代表品質等其他特性。

如此簡單的模型居然能用統一的幾何觀點，將標準模型第一代十五個粒子及其相互作用解釋得清清楚楚。圈論主將施莫林發現後，興奮得「又蹦又跳」，馬上將畢爾森湯姆森收編到他所在的圓周理論物理研究所（PI）。兩人和馬可波羅（Fotini Markopoulou）一起發表第二篇論文，將「辮子」簡化為圈。原先圈論側重於引力量子化，對其餘

三種力及基本粒子著墨並不多。這次畢爾森湯姆森帶了一大群基本粒子入盟，使圈論有希望實現愛因斯坦之夢——對宇宙萬物作幾何解釋；但弦論者不以為然，認為這只是剛起步，還要走著瞧。

鎮上唯一的遊戲

幾個月前，我對兩位作者進行專訪。我問施莫林：圈論和絃論有無共同之處？他說：「有！圈論可以幫助弦論成為不依賴於背景的理論。」我說弦論發展出許多數學工具，圈論可以借鑑。他表示同意。我又問：「圈論的三維空間和弦論的多維空間是否相容？」他說：「圈論並不排斥多維空間。」我再問：「圈論有沒有提出可行的實驗？」他說：「有！圈論預言光子速度隨其能量增大而變慢，可由天文觀察檢驗。」

我問吳易特：你對格林的反批評有何評論？他說：「格林會錯了意，施莫林和我都沒有要求放棄弦論，只是主張給圈論等一席之地。」弦論者常用一句話堵批評者之口："It is the only game in town."（這是鎮上唯一的遊戲）公然無視其他理論的存在，這種霸道對科學發展有害。

我說：「你在書中批評弦論有 10500 個不同版本。這說明弦論缺乏選擇規則，有朝一日發現選擇規則，不同版本定於一尊，可能

嗎？」他說：「從歷史看，弦論發展趨勢是版本不斷增加，這種可能性不大。」我說：「科學史上的重大突破有些出乎意料之外：十九世紀末，誰也沒有預料到量子力學的出現；二十世紀初，倘若愛因斯坦沒有提出狹義相對論，別人也會提出，但廣義相對論沒有人料到。」吳易特說：「是的！你說的可能性不能排除。」我表示，假如「萬物之理」確實存在，其生母可能是弦論、圈論，或者是現在還不知道的什麼論，很可能是諸論之雜交。

我問兩人對今後發展的預測，他們認為理論物理學界都在等待，殷切企盼 LHC 開始運行後，能給出新的實驗結果，為粒子物理學指明方向。最後，吳易特加了一句：「如 LHC 未發現新結果，就不知道該怎麼辦了。」

物理學突破需要識者

學派之間互相批評本為正常，可以互相砥礪，有益於科學的發展。但這次的爭論有所不同，除學術歧見之外，還有社會因素。弦論是顯學，占據一流大學物理系要津，幾乎囊括了有關的研究經費；圈論等缺乏研究經費，年輕的粒子物理學家如不做弦論，求職非常困難，資深的也難成為終身教授。

長期當「小媳婦」受夠了，蓄之既久其發亦勃，恐怕不是格林

一篇文章就能平息的。

　　弦圈之爭公開化，意味基本粒子研究進入戰國時代，群雄並起百家爭鳴當可預期。這是大好事，科學從來就是在不斷挑戰和競爭中發展的。

　　施莫林提出識者（seer）和跟隨者（follower）之別，跟隨者充斥物理學界，他們「蕭規曹隨」大量製造論文，按部就班就能升遷；識者極少，在大學中一職難求。施莫林大聲疾呼：物理學突破需要識者。我對他說：此論一針見血！其實不限於物理學，如無高瞻遠矚，能見人所未見之識者，任何學科都會沉淪。

（2007 年 6 月號）

參考資料

1. 沈致遠，2002 年，〈七棵松會議花絮──時間是什麼〉，《科學是美麗的》，上海教育出版社。
2. Lee Smolin, The Trouble with Physics, Hopughton Mifflin Company, Boston New York, 2006.
3. Peter Woit, Not Even Wrong, Basic Books, New York, 2006.
4. Roger Penrose, The Road to Reality, Vintage Books, New York, 2004.
5. Sundance O. Bilson-Thompson, A Topological Model of Composite Preons, Elsevier Science, 2006.
6. Sundance O. Bilson-Thompson, Fotini Markopoulou, and Lee Smolin, Quantum Gravity and the Standard Model, hep-th/0603022.

100台北市重慶南路一段37號

臺灣商務印書館　收

對摺寄回，謝謝！

傳統現代　並翼而翔

Flying with the wings of tradtion and modernity.

讀者回函卡

感謝您對本館的支持，為加強對您的服務，請填妥此卡，免付郵資寄回，可隨時收到本館最新出版訊息，及享受各種優惠。

■ 姓名：＿＿＿＿＿＿＿＿＿＿＿　性別：□ 男　□ 女

■ 出生日期：＿＿＿＿年＿＿＿＿月＿＿＿＿日

■ 職業：□學生　□公務(含軍警)　□家管　□服務　□金融　□製造
　　　　□資訊　□大眾傳播　□自由業　□農漁牧　□退休　□其他

■ 學歷：□高中以下（含高中）□大專　□研究所（含以上）

■ 地址：＿＿＿＿＿＿＿＿＿＿＿＿＿＿＿＿＿＿＿＿＿＿＿＿

　　　　＿＿＿＿＿＿＿＿＿＿＿＿＿＿＿＿＿＿＿＿＿＿＿＿

■ 電話：(H)＿＿＿＿＿＿＿＿＿　(O)＿＿＿＿＿＿＿＿＿

■ E-mail：＿＿＿＿＿＿＿＿＿＿＿＿＿＿＿＿＿＿＿＿

■ 購買書名：＿＿＿＿＿＿＿＿＿＿＿＿＿＿＿＿＿＿＿＿

■ 您從何處得知本書？

　　□網路　□DM廣告　□報紙廣告　□報紙專欄　□傳單
　　□書店　□親友介紹　□電視廣播　□雜誌廣告　□其他

■ 您喜歡閱讀哪一類別的書籍？

　　□哲學‧宗教　□藝術‧心靈　□人文‧科普　□商業‧投資
　　□社會‧文化　□親子‧學習　□生活‧休閒　□醫學‧養生
　　□文學‧小說　□歷史‧傳記

■ 您對本書的意見？（A/滿意　B/尚可　C/須改進）

　　內容＿＿＿＿＿＿編輯＿＿＿＿＿校對＿＿＿＿＿翻譯＿＿＿＿
　　封面設計＿＿＿＿價格＿＿＿＿＿其他＿＿＿＿＿

■ 您的建議：＿＿＿＿＿＿＿＿＿＿＿＿＿＿＿＿＿＿＿＿＿

※ 歡迎您隨時至本館網路書店發表書評及留下任何意見

臺灣商務印書館　The Commercial Press, Ltd.

台北市100重慶南路一段三十七號　電話：(02)23115538
讀者服務專線：0800056196　傳真：(02)23710274
郵撥：0000165-1號　E-mail：ecptw@cptw.com.tw
網路書店網址：www.cptw.com.tw　部落格：http://blog.yam.com/ecptw